一、栽培设施及栽培畦

图 1　塑料小拱棚生产

图 2　大棚（屋脊形）

图 3　连栋大棚（拱圆形）

图 4　四季大棚

图 5　节能型日光温室全景

图 6　厚土墙下凹式节能日光温室

图 7　移动后墙日光温室

图 8　地面凹陷日光温室

图 9　温室排水沟

图 10　移动后墙温室

图 11　寿光无立柱型温室

图 12　寿光有立柱冬暖式日光温室

图 13　防虫网全封闭生产

图 14　能源互补型日光温室

图 15　玻璃智能温室

图 16　大棚四覆盖栽培

图 17　沟畦覆盖

图 18　高垄覆盖

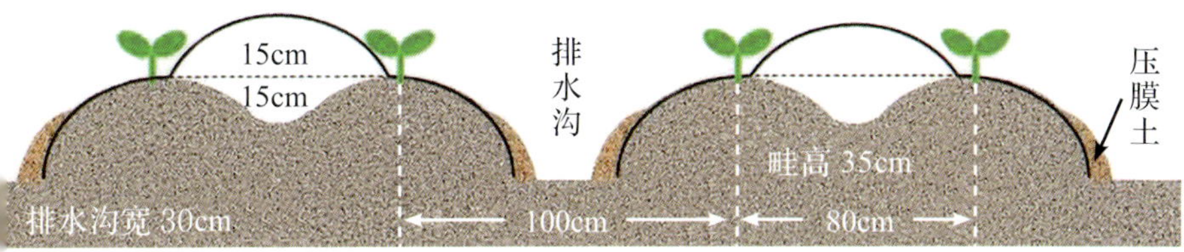

图 19　“两垄三膜”全膜覆盖断面示意图

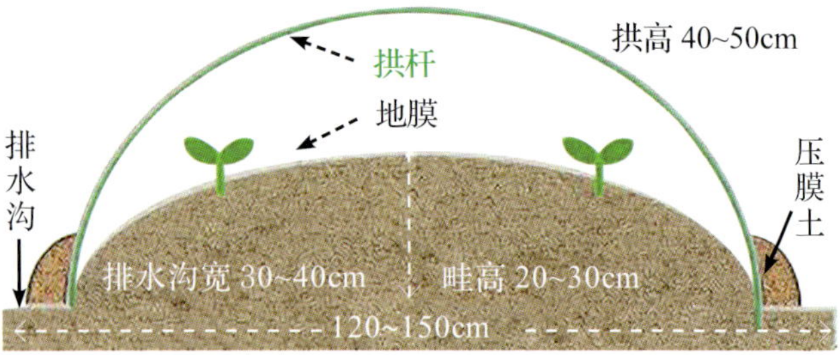

图 20　地膜双覆盖

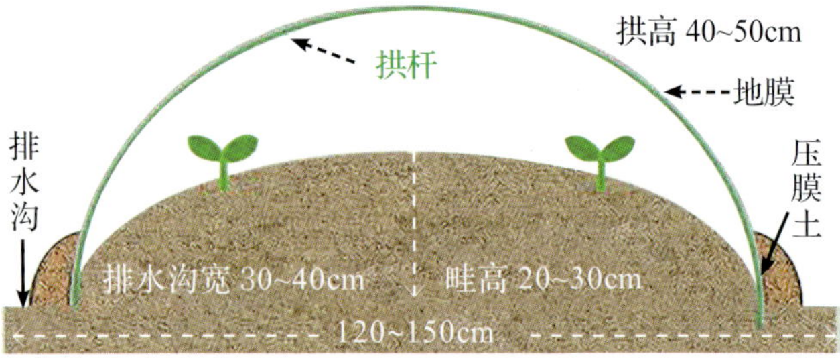

图 21　拱架地膜覆盖

图 22　遮阳网外覆盖

图 23　遮阳网近地面覆盖

图 24　防虫网覆盖栽培

二、育 苗

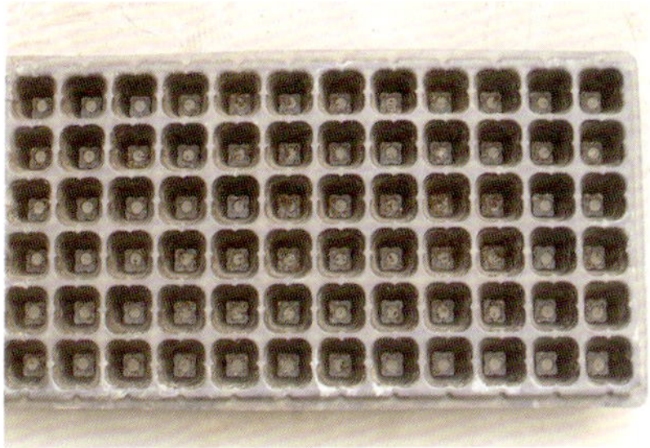

图 1　72 孔穴盘

图 2　基质块播种（育苗）

图 3　基质块育苗（播种）

图 4　黄瓜基质块播种后覆土

图 5　穴盘装基质

图 6　压穴

图 7　播种后覆土

图 8　播种后浇水

图 9　播种后覆膜

图 10　瓜类劈接 —— 固定

图 11　黄瓜营养基质块育苗

图 12　黄瓜穴盘育苗

图 13　黄瓜嫁接苗（劈接）

图 14　黄瓜嫁接育苗

图 15　黄瓜嫁接苗（插接）

图 16　贴接

图 17　贴接（砧木新叶显露）

图 18　穴盘育苗

三、栽培管理及生理病害

图 1　黄瓜大棚栽培

图 2　黄瓜日光温室栽培（吊栽）

图 3　基质袋无土栽培

图 4　黄瓜日光温室栽培

图 5　植株生长健壮（雌花开花）

图 6　黄瓜日光温室栽培（吊栽）

图 7　黄瓜生长（结瓜）

图 8　大棚栽培（春提前）

图 9　黄瓜大棚栽培（秋延迟）

图 10　植株调整

图 11　吊蔓

图 12　植株生长健壮（雌花开花）

图 13　黄瓜生长（结瓜）

图 14　节水灌溉

图 15　稳水苗定植

图 16　定植后田间

图 17　田间健壮生长

图 18　设施栽培田间生长

图 19　黄瓜生理性萎蔫

图 20　温室内贮水池

图 21　黄瓜化瓜（1）

图 22　黄瓜化瓜（2）

图 23　叶缘黄化——用药典型不合理

图 24　叶片降落伞状——这是长期的用药不合理，管理不到位造成

图 25　黄板诱杀

图 26　吊蔓

图 27　悬挂黄板诱杀害虫

图 28　畸形苦味瓜

图 29　畸形瓜

图 30　泡泡病

图 31　低温危害

图 32　花打顶（1）

图 33　花打顶（2）

图 34　花打顶（3）

图 35　雌花横向开放，植株比较衰弱

图 36　果实中空

图 37　大肚瓜

四、病虫害防治

图1　猝倒病

图2　霜霉病（叶正面）

图3　霜霉病（叶背）

图4　细菌性角斑（叶背）

图 5　细菌性角斑（叶正面）

图 6　根结线虫病（1）

图 7　根结线虫病（2）

图 8　菌核病（病瓜 1）

图 9　菌核病（病瓜 2）

图 10　菌核病（病株）

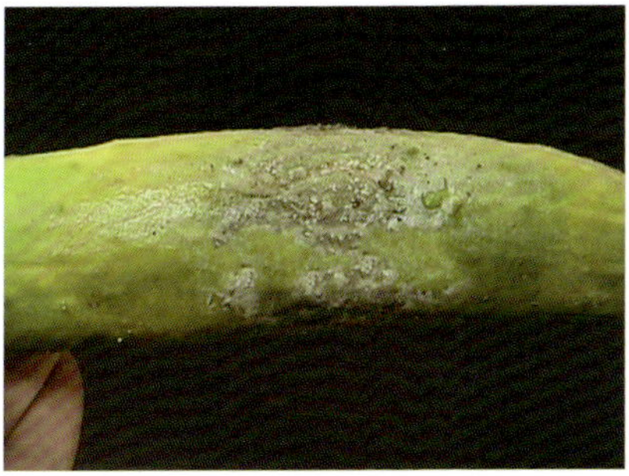

图 11　疫病（1）

图 12　疫病（2）

图 13　蔓枯病（1）

图 14　蔓枯病（2）

图 15　黑星病（病瓜）

图 16　黑星病（病叶）

图 17　病毒病

图 18　黑斑病

图 19　炭疽病

图 20　灰霉病

图 21　斑点病

·科学种菜致富问答丛书·

黄瓜高产栽培关键技术问答

HUANGGUA
GAOCHAN ZAIPEI
GUANJIAN JISHU WENDA

刘海河　张彦萍　主编

化学工业出版社
·北京·

内 容 简 介

本书以问答的形式，详细介绍了黄瓜安全生产设施、黄瓜类型及优良品种、黄瓜生产基础、黄瓜育苗技术、黄瓜安全优质高产栽培技术、黄瓜主要病虫害诊断与防治、黄瓜种子生产技术等。全书语言简洁、通俗易懂，技术先进实用，可操作性强，适合蔬菜企业技术人员、专业菜农等阅读参考，也可作为新型农民职业技能培训的良好教材。

图书在版编目（CIP）数据

黄瓜高产栽培关键技术问答/刘海河，张彦萍主编. —北京：化学工业出版社，2020.9

（科学种菜致富问答丛书）

ISBN 978-7-122-35664-2

Ⅰ.①黄… Ⅱ.①刘…②张… Ⅲ.①黄瓜-蔬菜园艺-问题解答 Ⅳ.①S642.2-44

中国版本图书馆 CIP 数据核字（2020）第 144542 号

责任编辑：邵桂林　　文字编辑：李娇娇　陈小滔

责任校对：张雨彤　　装帧设计：韩　飞

出版发行：化学工业出版社

（北京市东城区青年湖南街 13 号　邮政编码 100011）

印　　刷：北京京华铭诚工贸有限公司

装　　订：三河市振勇印装有限公司

850mm×1168mm　1/32　印张 8½　彩插 8　字数 165 千字

2021 年 7 月北京第 1 版第 1 次印刷

购书咨询：010-64518888　　售后服务：010-64518899

网　　址：http://www.cip.com.cn

凡购买本书，如有缺损质量问题，本社销售中心负责调换。

定　　价：39.80 元

本书编写人员名单

主　　编　刘海河　张彦萍

副 主 编　曹菲菲　王　正

编写人员　刘海河　张彦萍　王　正　郭守鹏
　　　　　谢　彬　曹菲菲　刘　欣　刘宝柱

前言

PREFACE

蔬菜是人们日常生活中不可缺少的佐餐食品，是人体重要的营养来源。蔬菜产业是种植业中最具竞争优势的主导产业，已成为种植业的第二大产业，仅次于粮食产业。有些省份如山东省，蔬菜产业占种植业的第一位，是农民脱贫致富的重要支柱产业，在保障市场供应、增加农民收入等方面发挥了重要作用。

近年来，中国蔬菜产业迅速发展的同时，仍存在价格波动较大、生产技术落后及产品附加值偏低等造成菜农收益不稳定等问题。蔬菜绿色高效生产新品种、新技术、新材料、新模式等不断加大科技创新及技术集成，使主要蔬菜的科技含量不断提高。笔者在总结多年来一线工作的经验以及当地和全国其他地区主要蔬菜在栽培管理、栽培模式、病虫害防治等方面新技术的基础上，编写了“科学种菜致富问答丛书”。

本书是“科学种菜致富问答丛书”中的一个分册。书中比较详细地介绍了黄瓜的安全生产设施、栽培基础知识、类型及优良品种、育苗技术、安全优质高产栽培技术、主要病虫害诊断及防治等。希望通过本书能为进一步提高黄瓜安全优质高效栽培技术水平、普及推广黄瓜生产新技术，帮助广大专业户和专业技术人员解决一些生产上的实际问题。

本书由河北农业大学、河北省蔬菜产业体系（HB2018030202）和生产一线多位教授、专家编写而成。在编写过程中参阅和借鉴了有关书刊中的资料文献，在此向原作者表示诚挚的谢意。

本书注重理论和实践相结合，具有较高的实用性和操作性。同时书中附有彩图，可帮助读者比较直观地理解书中的内容。

由于编者水平所限，书中难免出现疏漏之处，谨请广大读者不吝批评指正。

编者

2021 年 5 月

目 录

CONTENTS

第一章 黄瓜安全生产设施

第二章　黄瓜类型与优良品种

第三章　黄瓜生产基础

第四章　黄瓜育苗技术

第五章 黄瓜安全优质高产栽培技术

第六章　黄瓜主要病虫害诊断及防治

第七章　黄瓜种子生产技术

第一章

黄瓜安全生产设施

1. 地膜覆盖栽培具有哪些优势?

地面覆盖的作用主要表现在以下几个方面：一是一般可提高地温2～4℃。二是阻止地面水分蒸发，阻挡雨水垂直渗入土中而汇集排到田外，具有保墒防涝作用。三是防止土壤板结，改善土壤结构，促进养分转化，减轻盐碱危害。四是覆盖除草地膜，可以抑制多种杂草滋生。五是改善了植株中下部的光照条件。六是减轻病虫为害。

地膜覆盖的黄瓜早长早发，生长繁茂，一般可以提早上市8～12天，前期产量提高28%～52%，总产量增加30%以上。由于覆盖地膜后产量大幅度提高，有机质矿化率大大增加，且覆盖地膜后再灌用有机肥就非常困难，因此整地时一定要施足有机肥，这是地膜覆盖栽培成功的一个关键。另外，地面要整细整平。

2. 地膜覆盖栽培黄瓜主要有哪几种方式?

目前用于黄瓜栽培的地膜覆盖形式主要有普通地面覆盖和改良地面覆盖两种。

(1) 普通地面覆盖 普通地面覆盖就是一次性地把地膜直接覆盖于栽培作物的根际，是真正意义上从开始就起到单一护根作用的覆盖形式。根据地膜覆盖相对栽培作物的位置，又可分为株间覆盖和行间覆盖。

① 株间覆盖是把地膜覆盖在栽培垄上或行上，垄间多不覆盖。

② 行间覆盖。目前保护地黄瓜为减少地面水分蒸发，通常在行间覆盖起类似小拱棚的近地面地膜，形成膜下沟灌的形式。

(2) 改良地面覆盖 改良地面覆盖是先把栽培作物播种或定植到沟或穴里，然后将地膜覆盖到地面，薄膜虽然覆盖地面，但膜下留有作物生长的空间，即盖天。当植株快要触及地膜时再破膜放苗，用土封压住地膜，地膜又起到盖地的作用，即所谓“先盖天后盖地”。改良地面覆盖又分为:

① 平畦近地面覆盖。一般栽培畦宽 90～100 厘米，取土畦宽 40 厘米，畦埂高 15～20 厘米，畦埂应踏实，在栽培畦内播种或定植后，在畦埂上每隔 30～40 厘米插一根用细竹片、荆条或细树枝等做成的小拱架，在拱架上覆盖地膜（图 1-1）。该覆盖方式在河北省中部及南部已广泛应用于黄瓜早熟栽培。

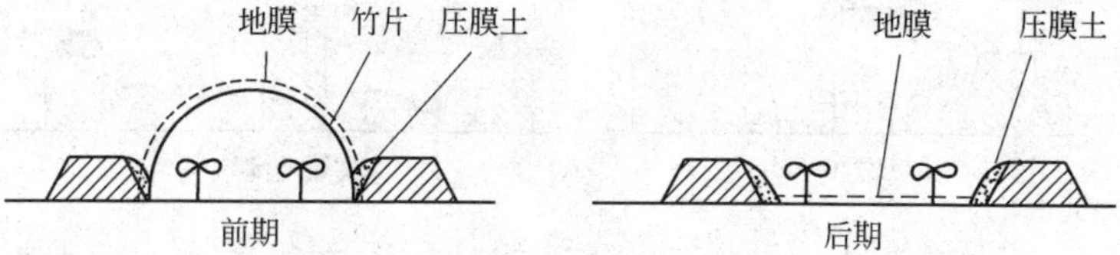

图 1-1　平畦近地面覆盖断面示意图

② 高畦（高垄）近地面覆盖。将栽培畦做成高畦或高垄，在高畦或高垄上定植或播种，然后在高畦或高垄的两肩处插小拱架，拱架高 30～40 厘米，宽 60～70 厘米，上面覆盖地膜（图 1-2）。

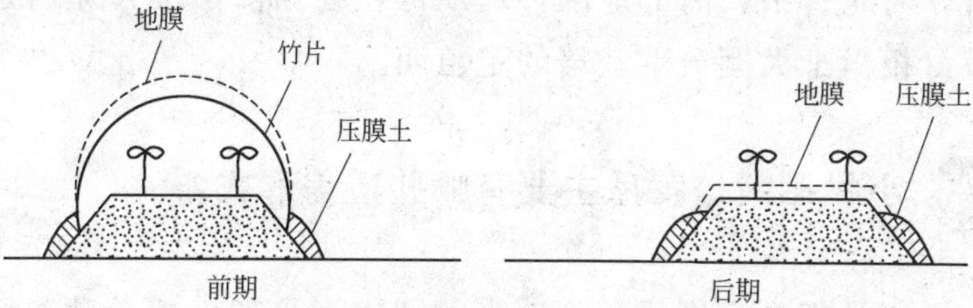

图 1-2　高畦近地面覆盖断面示意图

该方式可使幼苗在终霜前 10～15 天定植，终霜后当外界气温适宜蔬菜生长时，拆除小拱架，把地膜落盖在栽培畦面，然后在每株苗顶上将地膜开孔，并将苗引至膜外，最后将地膜用土固定，使地膜继续起到增温、保墒的作用。有时将高畦地膜覆盖与近地面覆盖配套使用，则称为高畦地膜双覆盖，增温保温效果更好。

③ 沟畦近地面覆盖。将栽培畦做成槽状沟、朝阳沟等形状，将种子或幼苗播种或定植到沟内以后，用细竹片、荆条、树枝条等作拱架，然后覆盖地膜（图 1-3）。

该方式除具有提高地温和气温的作用外，还可以利用

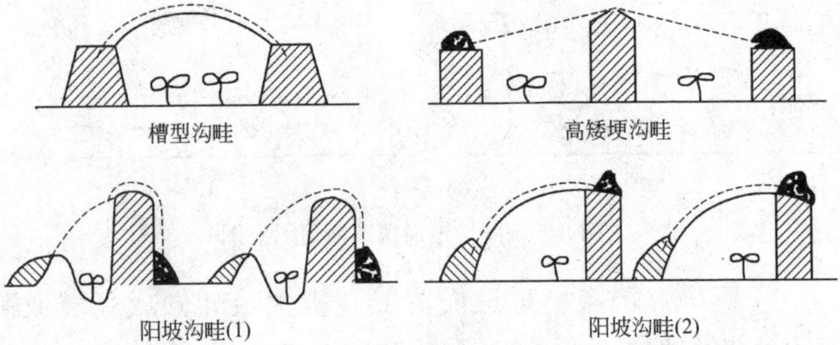

图 1-3　沟畦近地面覆盖的多种形式

较高的垄背土抵挡寒冷的北风，因而更适于黄瓜提早定植。河北省中、南部地区，黄瓜可在终霜前 1 个月左右定植，相当于大棚黄瓜栽培的定植期。

3. 小拱棚栽培黄瓜主要有哪些覆盖形式?

通常把在高度小于 1.5 米的圆拱形骨架上覆盖塑料膜的栽培设施称为“小拱棚”。小拱棚高度小，拱棚拱架取材范围广，可以就地取材，选用竹竿、竹片或树木枝条等。架材长度一般在 1.3～3 米，扣棚用的薄膜一般选用厚度为 0.06～0.1 毫米的聚乙烯农用薄膜，宽度为 1.5～4 米。小拱棚一般高度 50～150 厘米，跨度 50～300 厘米，长度 15～30 米，不宜过长，过长抗风性差，通风不良。棚间距 80～150 厘米。如加盖草苫或无纺布等保温材料，棚间距要稍大，以留出空间放保温材料。

小拱棚是在地膜覆盖基础上发展起来的一种早熟栽培形式，各地覆盖形式多样，根据覆盖方法不同，小拱棚的覆盖保温方式有以下三种：

① 地膜加小拱棚的“双膜”覆盖方式（图 1-4）。

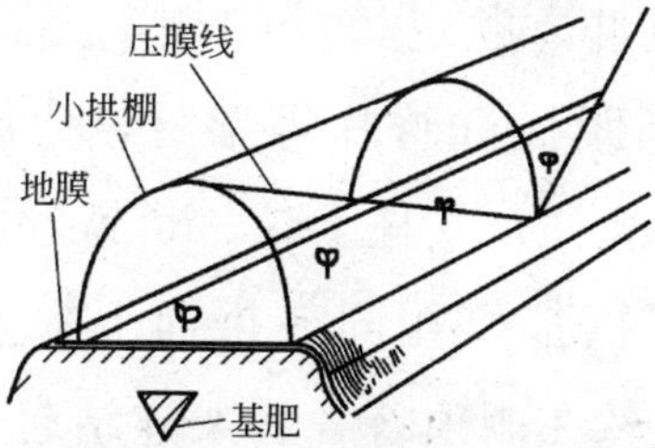

图 1-4　双膜覆盖图

② 地膜加小拱棚外盖草苫的“二膜一苫”覆盖方式（图 1-5）。

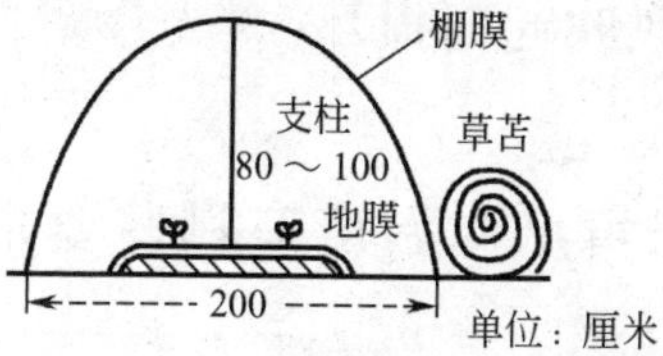

图 1-5　二膜一苫覆盖图

③ 地膜加小拱棚外加中棚的“三膜覆盖”方式（图 1-6）。

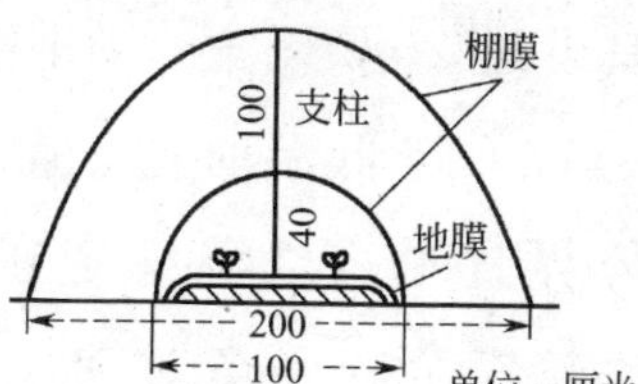

图 1-6　三膜覆盖图

4. 栽培黄瓜的小拱棚如何建造？

小拱棚具有结构简单、建造方便、投资少、使用管理方便等优点。小拱棚一般采用南北走向，建棚前先要整地施肥，做好定植畦。顺定植畦扣棚，先在定植畦两侧按50～80厘米的间距插好竹片等架材，弯成半圆拱形。跨度大的中间要设立柱，立柱上拉一道铁丝。要求架材高度一致，弯成的圆拱都要在同一拱面上，为了拱棚坚固牢靠，可以用细铁丝在棚顶将各骨架连结起来，两端固定在棚外木桩上。然后覆盖薄膜，薄膜要压紧压实，薄膜越紧越抗风。在薄膜上每隔2～3个骨架插一道压膜拱条，或用塑料绳在棚膜上呈“之”字形勒紧，两侧固定在木桩上，防止薄膜被风吹起而损坏。

5. 小拱棚栽培黄瓜对温度有哪些要求?

塑料小棚主要靠太阳光能来提高土温和气温，一般表现为白天升温快，最大增温能力可达30℃以上，夜间降温快，昼夜温差可达20℃以上。在阴雪天，棚内温度有时只比露地高1～3℃。低温时期，塑料小棚温度多忽高忽低，只有当外界日平均气温稳定在8℃以上时，塑料小棚才能进入比较安全的生产时期，在北京地区大约在4月上旬。在覆盖使用的前期需要特别注意保温，防止低温伤害，而后期又要特别注意防止高温伤害，需要及时放风。栽培黄瓜时，一般当外界温度稳定在18～20℃，夜间温度不低于12℃时，可以考虑撤除薄膜，逐渐转到露地生产。

6. 栽培黄瓜的小拱棚内光照条件怎样？

塑料小棚的光照明显低于自然界，棚内的光照直接受到薄膜透光率、内表面附着水雾、外表面附着灰尘以及薄膜老化程度的影响。无水雾附着的新膜覆盖棚，平均透光率只有 76.8%，附着水雾的只有 52.7%。选用新的无滴膜和经过暴晒或无滴化处理的普通棚膜是增加小棚光照的重要途径。光照不均匀是小棚光照的又一特点，南北光照相差 7%左右。

7. 栽培黄瓜的小拱棚内湿度条件怎样？

高湿是小棚环境的一个显著特点，覆盖下的塑料小棚里的空气相对湿度一般在 70%～100%，白天放风时一般为 40%～60%，比露地高 20%左右。

限于塑料小棚的热量条件和空间大小，一般多作为黄瓜春早熟栽培的半程覆盖方式，可以比当地露地提早 20 天左右播种或定植。如果棚内加盖一层地膜，还可再提早 5 天左右。如果再加草苫则可进一步提前使用。

8. 栽培黄瓜的塑料大棚主要有哪几种类型？

通常把没有后墙，以竹、木、水泥柱或钢材等建材作骨架，在表面覆盖塑料薄膜的大型保护地栽培设施称为塑料大棚，我国常见的大棚高度一般在 1.9～3.5 米，棚宽

8～12 米不等。目前在华北、华中、华东、西北等各地均有较大面积的塑料大棚。利用塑料大棚栽培黄瓜，早春可以比露地提前 1 个多月成熟，比小棚提早 15～20 天；秋延迟栽培可以比露地延迟采收期 15～20 天。

目前栽培黄瓜多用圆拱塑料大棚，按建筑材料分类，主要有竹木结构、混合结构、钢架结构等类型，这几种类型各有其特点。

9. 竹木塑料大棚的结构特点有哪些？

竹木塑料大棚是大棚初期的一种类型，目前在我国北方仍广为应用。一般大棚跨度为 8～12 米，长度 40～60 米，中脊高 2.4～2.6 米，两侧肩高 1.1～1.3 米。有 4～6 排立柱，横向柱间距 2～3 米，柱顶用竹竿连成拱架，纵向间距为 1～1.2 米。其优点是取材方便，造价较低，且容易建造。缺点是棚内立柱多，遮光严重，作业不方便，不便于在大棚内挂天幕保温，立柱基部易朽，抗风雪性能较差，使用寿命 5 年左右。为减少棚内立柱，建造了悬梁

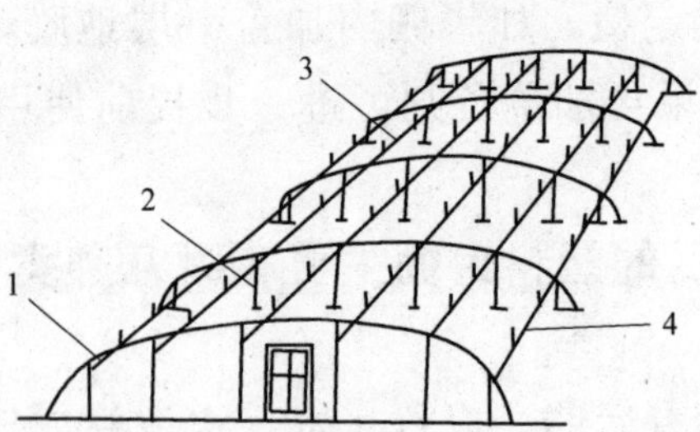

图 1-7　塑料大棚骨架各部位名称

1—拱杆；2—立柱；3—拉杆；4—吊柱

吊柱式竹木结构大棚，即在拉杆上设置小吊柱，用小吊柱代替部分立柱。小吊柱用20厘米长、4厘米粗的木杆，两端钻孔，穿过细铁丝，下端拧在拉杆上，上端支撑拱杆（图1-7，图1-8）。

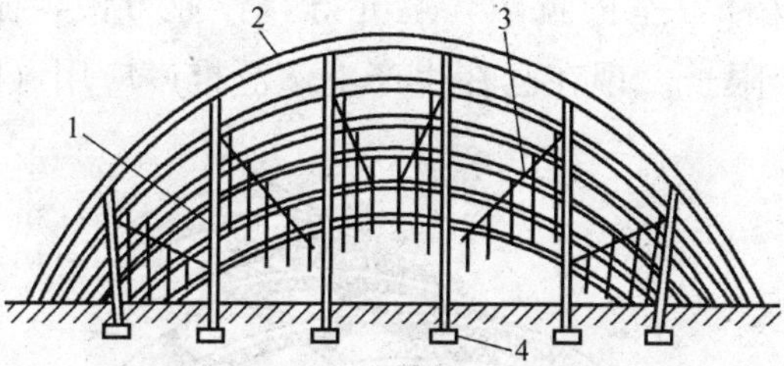

图1-8　竹木结构大棚示意图

1—立柱；2—拱杆；3—拉杆；4—立柱横木

10. 混合结构塑料大棚有何优点？

棚型与竹木结构大棚相同，使用的材料有竹木、钢材、水泥构件等多种。一般拱杆和拉杆多采用竹木材料，而立柱采用水泥柱。混合结构的大棚较竹木结构大棚坚固、耐久、抗风雪能力强，在生产上应用的也较多。

11. 钢架结构塑料大棚的结构特点有哪些？

钢架结构塑料大棚一般跨度为10～15米，高2.5～3.0米，长30～60米。拱架是用钢筋、钢管或两者结合焊接而成的弦形平面桁架。平面桁架上弦用直径16毫米钢筋或直径25毫米的钢管制成，下弦用直径12毫米钢筋，腹杆用直径 6～9 毫米钢筋，两弦间距 25 厘米。制作时先按设计在平台上做成模具，然后在平台上将上、下弦按模具弯成所需的拱形，然后焊接中间的腹杆。拱架上覆盖塑料薄膜，拉紧后用压膜线固定。这种大棚造价较高，但无立柱或少立柱，室内宽敞，透光好，作业方便，棚型坚固耐牢，使用年限长。现在已在生产上广泛推广应用（图 1-9）。

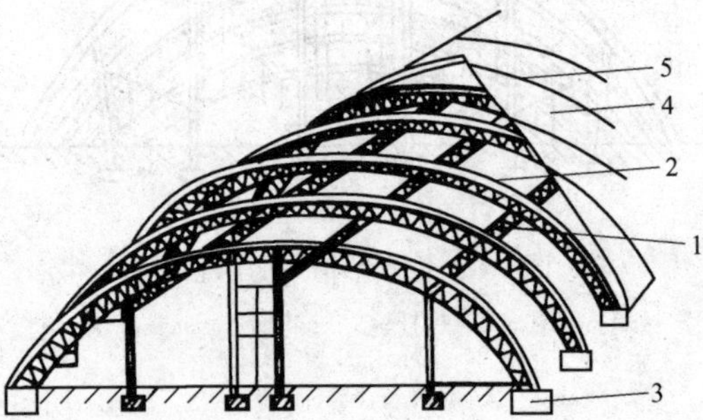

图 1-9　钢架大棚图

1—纵梁；2—钢筋桁架拱梁；3—水泥基座；4—塑料薄膜；5—压膜线

12. 塑料中棚主要有几种类型？其各自有哪些特点？

中棚由竹木或钢材等构成拱圆形拱架，其上覆盖塑料薄膜。一般高度为 1.5～1.8 米，跨度为 3～6 米，长 10 米以上，生产者可入内管理。

根据拱架的材料和立柱的有无，可把中棚分为以下几种类型：

(1) 竹木结构中棚　棚架由竹片、竹竿、木棍等构成，一般跨度为 3～6 米，高度为 1.5～1.8 米，拱杆间距 0.6～1.0 米，拱杆多用竹片或竹竿做成。为增强其支撑性能，可每 1～3 个拱杆下设 1～2 根立柱，每排立柱距顶端 20 厘米处用较粗的木棍或竹竿纵向连接成横拉杆，以增强棚架的稳固性。架上覆盖塑料薄膜，用压膜线将薄膜固定。根据其立柱的排数分为单排立柱中棚（图 1-10）和双排立柱中棚（图 1-11）。

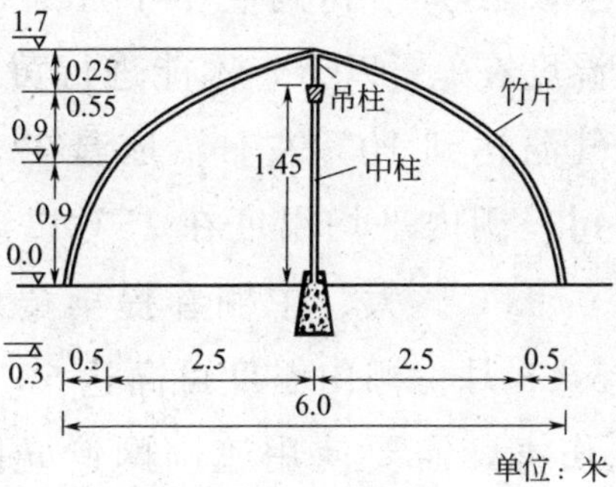

图 1-10　单排立柱中棚

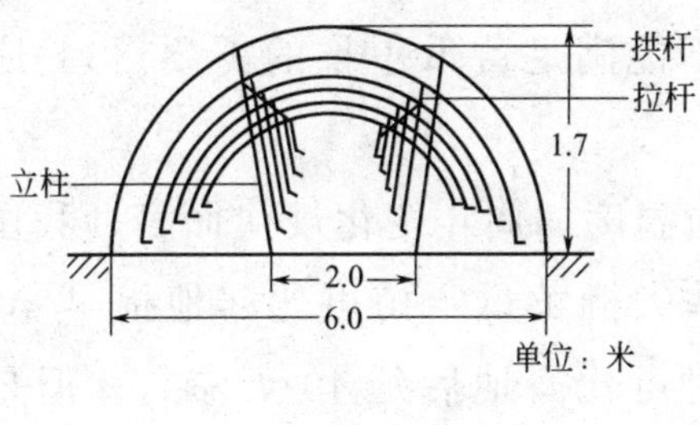

图 1-11　双排立柱中棚

（2）钢架结构中棚　中棚的拱杆由直径 16 毫米左右的钢筋或直径 1.5～2.0 厘米的钢管构成。通常将其弯成拱圆形，两端插入土中。为防止拱杆下沉，可在土中埋入石块或砖块作垫石，也可在地面横向焊上一段 20 厘米长的拉筋。拱杆的顶端用拉杆纵向连接，以增强其稳固性。

钢架中棚一般不设立柱，当钢材细小时，也可设立柱。根据立柱的有无可分为无柱钢架中棚和有柱钢架中棚。

13. 栽培黄瓜的塑料大、中棚内的温度性能怎样？

在北京地区，12 月下旬到翌年 1 月下旬，塑料大棚棚内平均最低温度在 0℃以下，不能进行黄瓜生产。到 3 月中旬，平均气温达到 10℃左右，地温在 5～8℃。3 月中旬到 4 月下旬，棚内平均温度在 15℃以上，最高可达 40℃，最低在 0～3℃。大、中棚春提早黄瓜一般是在 3 月下旬定植。5～8 月份棚内温度可高达 50℃左右，为避免高温和强光伤害，需要使用遮阳网遮光降温。9 月中旬到 10 月中旬温度逐渐下降，但棚内气温仍可达 30℃，夜间 18～10℃。10 月下旬到 11 月中旬棚内夜温降至 8～3℃，已不能满足黄瓜生长的需要。11 月中下旬逐渐降到 0℃。

就大棚内温度的周年变化规律而言，我国北方的大多数地区，春季大棚黄瓜定植可比露地提早 40 天左右。秋季覆盖栽培时可比露地后延 40 天左右。但是，如果能进一步完善大棚内的多层覆盖，则可以进一步提高其提早和延后的效果。

晴天时，太阳出来后，大棚内温度会迅速上升，一般每小时可上升 5～8℃，13～14 时温度达到最高，以后逐渐下降，日落到黎明前大约每小时降低 1℃，黎明前达到最低。夜间的温度通常比外界高 3～6℃。

14. 栽培黄瓜的塑料大、中棚内的光照性能怎样？

大棚一般是南北延长，棚内光照比日光温室明显更为均匀。钢结构无柱式大棚比竹木有柱式结构的光照要高10%左右。薄膜结露有水滴或黏附尘土时，光照下降20%～30%；薄膜老化透光率要下降23%～30%。大棚由南北向改为东西走向时，北侧光照明显不足，多不利于生产和维护。

15. 栽培黄瓜的塑料大、中棚内的湿度性能怎样？

同日光温室一样，大棚环境的一个显著特点就是湿度大，相对湿度一般为70%～100%，夜间明显高于白天。空气湿度高有利于黄瓜生长发育，但同时也带来病害严重的问题。

16. 建造塑料大、中棚需要哪些准备工作？

由于大、中棚的类型较多，建造方法也不一样，下面仅以目前各地的主要类型竹木结构大棚为例，介绍其准备工作：

(1) 场地选择　大棚要选在背风向阳、地势高燥、通风见光较好、土质肥沃的地块上，棚的四周不能有高大的遮阴挡光物。大棚一般南北走向较好，不但抗风力强，而且作物接受阳光比较均匀，果实大小一致，着色好。

(2) 材料准备 建造一个标准棚（即跨度12米、长55米、高2.8～3米、栽培面积约1亩[1]），需要7米竹竿100根或5米竹竿150根，3米竹片100根，3～3.5米竹竿300根，5.4米拉杆600根，8号铁丝85千克（其中75千克作压膜线，10千克作地锚线），14号绑丝10千克，地锚砖200块，沥青20～30千克，棚膜75～100千克。

全棚由48个骨架组成，两骨架间隔1.2米。每个骨架一般由6～8根立柱、2根拱杆、2片竹片组成，立柱高度分别为3米、2.8米、2.1米、1.4米（都含地下部分30厘米），立柱间距离分别为1.9米、1.9米、1.3米、0.9米（如图1-8所示）。

17. 建造塑料大、中棚需要经过哪些步骤？

建造塑料大、中棚需要经过以下步骤：

(1) 备料 将竹竿按规定尺寸截好。截料时要将竹竿的顶端锯成三角形豁口，以便固定拱杆，豁口的深度以能卡住竹竿为宜。在锯口下5厘米处垂直于锯口钻眼，以备穿铁丝绑拱杆。立柱下端成十字形钉两个横木，以克服风的拔力，并将入土部分沾上沥青，以防腐蚀。

(2) 挖坑 埋立柱施工时先划好大棚的坐落方位。按规定好的尺寸钉好桩标，然后挖坑，坑深要在30厘米以

[1] 1亩＝666.67平方米。

上。先将最南端和最北端的两个骨架建好，然后南北拉细绳，以此为基准，埋好其他立柱。做到南北行立柱高度一致，东西行立柱在同一平面上。

(3) 上拱杆　埋好立柱后，将拱杆放在立柱豁口内，拱杆对接好后，绑在立柱上。拱杆的两端要绑在最外边的斜柱上，然后沿大棚两侧边线，将竹片插入土中 30 厘米，弯成一致的弧形覆在竹竿上。在竹竿与竹竿、竹竿与竹片接茬处都要用草绳或布条缠好，防止划破棚膜。

(4) 绑拉杆　拉杆的主要作用是将各自独立的每个骨架连接在一起，使之成一个固定的整体。拉杆要距立柱的顶端至少 20 厘米，高度以不妨碍农事操作为宜。拉杆与每根立柱用绑丝绑紧，拉杆也可以用 8 号铁丝或 12 号钢丝代替。

(5) 扣膜　选晴天无风的时间，将棚膜上好，两端拉紧后埋入土中至少 40 厘米。扣膜的关键是要抻紧拉平不留褶皱，两侧放风处用 1.5 米宽围子遮盖，上沿与大膜重叠 20～30 厘米，下端埋入土中 30～40 厘米。

(6) 上压膜线　压膜线一般用 8 号铁丝。地锚用砖或石块绑上 8 号铁丝埋于地下至少 40 厘米，不能过浅，否则遇大风天气，易将地锚从土中拔出。地锚埋的位置与棚外沿相平即可。地锚每骨架间设两个，拴一根压膜线。先将压膜线一端与地锚固定，然后压在棚膜上，拉紧压膜线，另一端拴在地锚上，过几天之后选一晴天再将压膜线重新拉紧一次。

(7) 装门　为进出大棚方便，又不损伤棚膜，要在大棚的一端装门。一般早春季节多刮北风，因此，门最好安在大棚的南面。门宽 80～90 厘米，高 1.8～2 米，用竹竿或木杆作成框架，钉上薄膜即可。

18. 日光温室结构有哪几种类型？

日光温室又称暖棚，主要由围护墙体、后屋面和前屋面三部分组成，这三部分简称日光温室的“三要素”。其中前屋面是温室的全部采光面，白天采光时段前屋面只覆盖塑料膜采光，当室外光照减弱时，及时用活动保温被覆盖塑料膜，以加强温室的保温，是我国北方地区独有的一种温室类型。这是一种在室内不加热的温室，即使在最寒冷的季节，也只依靠太阳光来维持室内一定的温度水平，以满足栽培作物生长的需要。

由于各地的气候条件、栽培形式、技术水平有异，各地的日光温室也形式多样。由于黄瓜较一般蔬菜作物对温度和光照条件要求高，因此，栽培黄瓜应选择增温保温和采光性能良好的日光温室。目前生产上主要有以下三种类型：冀优Ⅱ型日光温室、鞍Ⅱ型日光温室和寿光日光温室。

19. 冀优Ⅱ型日光温室的设计尺寸应如何把握？

该温室是河北省固安县研制的一种钢管加强架的全无立柱日光温室。其基本参数是：温室跨度 6 米，脊高 3 米，后墙高 2 米，底宽 1 米，上口宽 0.8 米，后坡仰角 40°，后坡在地面的水平投影宽度 1 米，前屋面每 3 米设一道加强钢架，钢架之间东西拉 17～18 道 8 号铁丝，呈琴弦状。每 2 个钢架之间设 5 道托膜杆，靠琴弦式铁丝支撑成拱圆形，主采光屋面角为 25°至 30°，室内栽培畦比外面自然地面低 30 厘米。图 1-12 为冀优Ⅱ型日光温室。

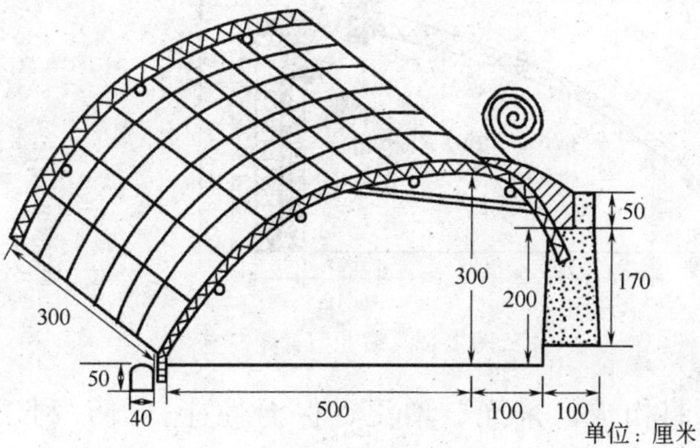

图 1-12　冀优Ⅱ型日光温室

钢架上下弦均为直径 2 厘米，壁厚 2 毫米的薄壁管。上弦 8 米，上下弦间距 16 厘米，用 8 号钢筋作拉花。在梁脊下至底脚处加 1 根直径 2 厘米、长 2.5 米的钢管为加强筋，进一步增强钢架的抗负载能力。加强架除与上弦连接的 17 道 8 号铁丝以外，在下弦还有均匀分布的 4 道铁丝以加固钢架，铁丝均与两山墙外的地锚连接。该温室采光性能好，保温效果也好，适宜华北平原中北部使用。

20. 鞍Ⅱ型日光温室的设计尺寸应如何把握？

鞍Ⅱ型日光温室是由鞍山市园艺研究所设计的一种无柱拱圆形日光温室（图 1-13）。前屋面为钢架结构，无立柱，后墙为砖与珍珠岩组成的异质复合墙体，后屋面也由

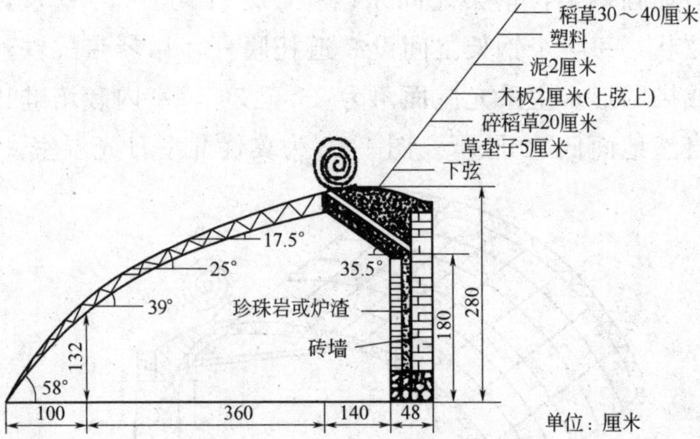

图 1-13　鞍Ⅱ型日光温室

复合材料构成。采光、增温、保温性能良好，利于作业。适宜早春种植。

21. 寿光日光温室的设计尺寸应如何把握？

寿光日光温室的采光、蓄热、保温性能以及机械化程度和各种温室附属设施都有了很大提高。寿光日光温室合理的类型与结构为蔬菜作物正常生长发育，实现高产、稳产、优质提供了良好的设施环境条件，是产业发展的核心基础，目前寿光日光温室已发展到第 6 代，其代表是寿光Ⅲ、Ⅳ、Ⅴ、Ⅵ，见图 1-14 至图 1-17。

寿光日光温室的构造：日光温室是一种北边为土墙，南边为竹架或钢梁、竹竿相结合的半拱型薄膜覆盖的建筑物，其北墙一般高 2.8 米左右，底部厚度为 4.0～4.5 米，顶部厚度为 1.0 米，南北向宽 10～14 米，东西向长 80～

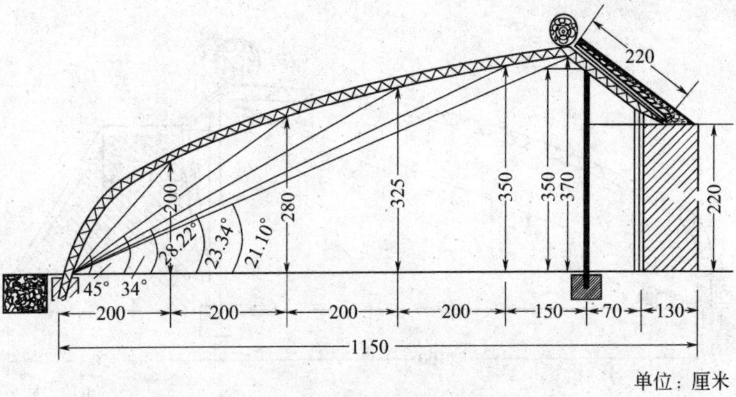

图 1-14　寿光Ⅲ日光温室示意图

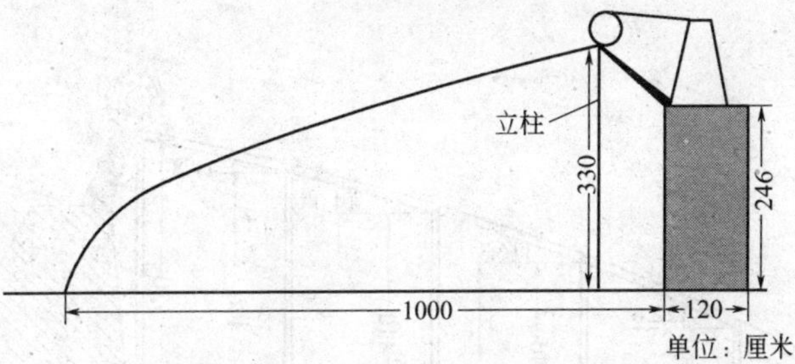

图 1-15　寿光Ⅳ日光温室示意图

跨度 7.8～10 米，长 60～80 米

100 米，栽培面下沉 0.5～0.7 米。多重覆盖，薄膜一般采用 EVA 型薄膜，且每年更换一次，确保透光率都在 95%以上；草帘厚度 5 厘米，长度 10 米，宽度 2.5 米，外加浮膜。

寿光日光温室的特点：一是光能利用率高，升温快，保温性能好，冬季棚内外温差能达到 15℃，最低气温能达到 5℃以上，特别适合喜温型蔬菜的生长；二是空间高大，操作方便。

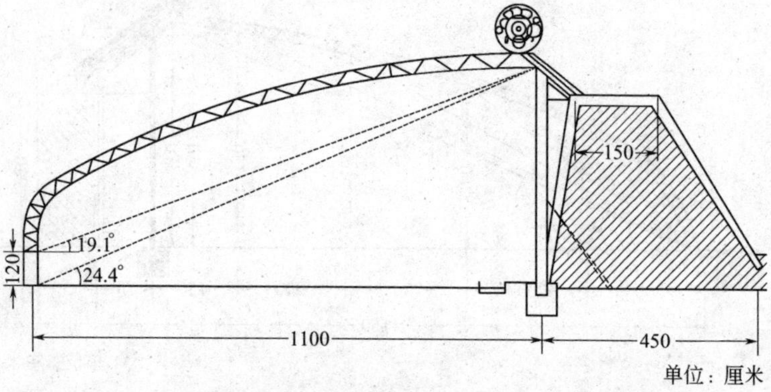

图 1-16　寿光Ⅴ日光温室示意图

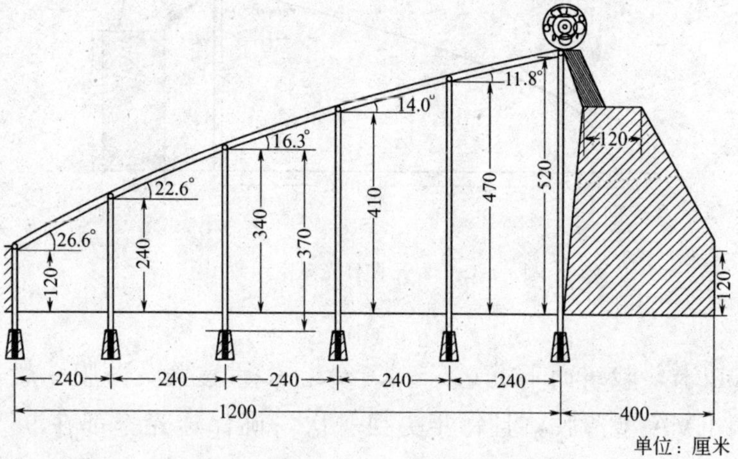

图 1-17　寿光Ⅵ日光温室示意图

22. 日光温室栽培黄瓜对光照有什么要求？

日光温室光照特点：一是光照弱，室内光照一般为自然界的70%左右。在薄膜遭污染或老化情况下，室内平均光照只有外界的50%左右。影响光照的主要因素是日光温室采光屋面的角度、构件材料的挡光性、覆盖物的影响程度以及栽培技术等方面。二是光照分布不均，具有前强后弱，上强下弱的变化规律。三是光照时间短，特别是在“冬至”前后，由于光照不足，对黄瓜产量的形成有很大影响。

在目前大面积采用人工补光尚不可能的情况下，增加日光温室光照只能靠增大前采光屋面角度、选用截面小的拱架材料、减少和取消立柱、应用具有增光效果和透光率衰减速度慢的新型复合薄膜、及时清洁棚膜和适时揭盖草苫等来解决。

23. 日光温室栽培黄瓜对温室温度有什么要求？

黄瓜是喜温作物，生长适温15～32℃，一般以白天22～32℃、夜间15～18℃为宜。幼苗期适温白天25～29℃，夜间15～18℃；开花期适温18～21℃；结果期适温白天25～29℃，夜间18～22℃。

设计和保温措施得力的优型日光温室，在外界气温－20℃左右时，室内外温差可达30℃左右，性能差的则不足20℃。性能好的优型日光温室，正常情况下室内最低温度9.5℃以上，在连续遭遇十多个连阴雾天的时候，室内最低气温一般不低于8℃或略低于8℃，但持续时间一般不超过3天。这类优型日光温室在低温寡照的1月份基本可以保证黄瓜的正常生长，所以统称为冬用型日光温室。

日光温室的温度变化随太阳升降和有无而变化：晴天上午适时揭苫后，温度出现短暂下降，随之便急剧攀升，一般每小时可升高 6～7℃。13 时气温达到最高，以后随太阳的西下温度缓慢降低，到 16～17 时下降速度骤然加快。盖苫后，室温有个短暂的回升过程，而后一直处于缓慢的下降状态，直至次日黎明前达到最低。一日之中日光温室温度这种梯度变化对黄瓜生长是非常有利的。

24. 日光温室的气温有哪些调控方法？

温室气温调控分增温和降温两方面。提高温室温度性能的关键是温室设计、建筑材料选用、建筑标准及保温设备的配置和应用管理。目前随意增大温室跨度、缩短后坡长度是日光温室温度性能普遍下降的要害所在。而提高温室高跨比、增大前后屋面在地面水平投影宽度比、将栽培床深入地面以下和减少地面以上散热面积，则是提高温室温度性能的有效方法。

从使用过程来看，适时揭盖草苫，保持膜面清洁；增加内外覆盖保温设施，及时修补破损膜口；尽量减少人员频繁出入等，都有助于提高温室的增温保温效果。

降温或维持一定的温度水平主要的手段是放风和遮阴。在进入日光温室春季生产的后期，温室可以彻夜放风时，夜间浇水也是降低地、气温的一种方法。夏季用遮阳网适度遮阴是防止温度过高的有效措施。

25. 日光温室栽培黄瓜对温室地温有什么要求？

黄瓜根系对低温反应敏感。根系生长的适宜温度为20～25℃，地温低于20℃时根系的生理活动减弱，10～12℃时停止生长，根毛发生的最低温度为12～14℃。

26. 日光温室的地温有哪些调控方法？

提高温室地温有效的方法是将其建成半地下式，使栽培地面处于当地冻土层以下，或在温室前底部设置泡沫隔热板或防寒沟，可以阻止热量横向传导损失；秋末早建早扣温室，尽量减少土壤蓄热的大量散失；增加温室外覆盖的保温材料，减少温室热量散失；在土壤中增施有机肥料；尽量浇用深机井或经过在温室内预热的水，不在阴天或夜间浇水；地面覆盖地膜或室内进行二次覆盖；在栽培行两侧埋设电热线等。目前一些地方采用地热式温室，还有的在地面覆盖厚厚的作物秸秆，也收到了较好的效果。另外，有报道在整地定植前在地面喷用“免深耕”土壤调理剂，大大降低土壤紧实度，可提高地温2～4℃。

27. 日光温室内地温和气温有什么样的密切关系？

日光温室中的空气主要是靠地中热量来增温的，有足够的地中热量通过温室效应就可以保持较高的空气温度，地、气温协调是日光温室优于加温温室的一个显著特点。土壤热容量明显比空气大，晴天的白天，在温室不放风或放风量不大的情况下，气温始终比地温高。而夜间则是地温高于气温。早晨揭苫前是温室一天之中地温和气温最低的时段。日光温室最低地温和最低气温之间存在一定的关联性：在天气比较晴好的情况下，最低地温始终比最低气温高5～6℃。连阴雾天时，随着时间的延长，地、气温的差距会变得越来越小，直到仅相差2～3℃。在遭遇连阴雾天时，有时气温虽然没有降低到使植株受到冻害的程度，但地温降低却使根系无法忍受，以致受害。

28. 日光温室栽培黄瓜对土壤水分有什么要求？

黄瓜属于浅根系作物，喜湿、不耐旱、不耐涝。幼苗期和根瓜坐瓜前，适宜的土壤湿度为田间最大持水量的80%～90%，苗期为80%～90%。

温室生产期间土壤水分主要依靠人工灌溉，土壤的淋溶很少，土壤的积盐比较严重。土壤蒸发的水分由于受到棚膜阻隔，较少逸散到大气中，水气在棚膜上凝结后，水滴受棚膜弯曲的影响，会经常滴落到固定的地方，因而就会出现土壤水分不均，这种情况在冬季浇水少时表现尤为突出。

土壤深层水分沿毛细管上升到地表，棚膜上大量凝结水又滴落到土壤表面，往往会使地表出现泥泞状，给人土壤不缺水的假象，但挖开表土就可见土壤实际已经干旱。冬季浇水时会使地温降低，而地温低又是温室冬季生产的一大难题。所以，温室冬季和早春还特别强调使用深机井水，或将地表水先引入温室预热后再使用。浇水宜在晴天的上午进行，以便有充足的时间排除湿气，恢复地温。

29. 日光温室栽培黄瓜对空气湿度有什么要求？

黄瓜要求较高的空气湿度，理想的湿度为：苗期低、成株期高；夜间低，白天高；相对湿度高可达80%～90%，低到70%。

在日光温室里特别是夜间，空气的相对湿度经常在90%以上或饱和。高湿对多数蔬菜生长发育往往是不利的，常会引起多种病害。

空气相对湿度是空气中的水气质量与当时温度下饱和水气压的比值。所以在单位体积空气水气质量一定时，温度越高饱和水气压越大，空气的相对湿度就越小。在日光温室冬季生产时，采取早晨放风降低空气相对湿度的做法是错误的。正确的做法是密闭温室，尽快提高室温，同样也可达到降低空气相对湿度的目的。温室的空气湿度在浇水后最大，以后随着时间的推移而降低。

日光温室放风以温度为指标，温度不能保证时一般不能放风。因此，降低温室空气湿度应立足于减少土壤水分蒸发。经验证明，在高二氧化碳浓度下，高温高湿常常会使黄瓜表现出极好的丰产性。高湿不仅为黄瓜提供了良好的生态条件，还为高温管理提供了可能，从而可有效控制黄瓜霜霉病的发生。温室控湿是一种技术，而创造和利用高湿也是一项应具备的技能。

30. 日光温室对黄瓜产生危害的气体有哪些？

日光温室有害气体主要包括氨气、亚硝酸气等。空气中氨气达0.1%时，会使黄瓜叶缘组织逐渐变为褐色，严重时枯死；二氧化氮（硝态氮肥在土壤中经硝化产生）达2微升/升以上时，会使黄瓜的叶缘及叶脉间细胞致死，形成白色或褐色的小斑点。其他如二氧化硫（5微升/升以上）、一氧化碳、硫化氢、氧化亚铁，氧化锰以及醇、醚等气体和粉尘在空气中含量达到一定界限后均可致黄瓜受害。

(1) 氨气 对黄瓜产生危害的氨气主要来源于撒施于地表可以直接或间接产生氨气的肥料，直接产生氨气的有碳酸氢铵、液态氨、氨水和鸡粪、兔粪等。间接产生氨气的有饼肥、海肥、尿素，或在石灰质土壤上施用的硫酸铵等。

(2) 亚硝酸气 施入土壤中的有机和无机态氮在向硝酸态氮的转化过程中，如果土壤积盐浓度过高，铵态氮向亚硝酸态氮的转化可以正常进行，但亚硝酸态氮向硝酸态氮转化却被抑制。亚硝酸在土壤中不断积累，土壤酸化，亚硝酸便以气态的形式挥发出来。土壤亚硝酸气挥发必须具备两个条件：一是具有经过高盐浓度驯化的土壤微生物；二是一次大量施用氮素化肥，因此，亚硝酸气危害多发生在老温室。

除此之外，对温室黄瓜能够形成危害的有害气体还有由加温火炉产生，或由工矿区漂过来的二氧化硫、一氧化碳；聚氯乙烯棚膜挥发出的氯气；原料来源不明的再生黑色塑料薄膜释放出来的有害气体；弱光低温时盲目施用的过量二氧化碳等。

31. 日光温室的土壤应具备哪些基本条件？

黄瓜需肥沃、结构良好的壤土，以克服喜湿怕涝、喜肥不耐肥的矛盾。黄瓜对土壤酸碱度的要求不太严格，在土壤 pH 5.5～7.6 范围内均能正常生长发育，pH 6.5 左右为最佳，在营养生长阶段适宜偏酸性营养液，在产量形成阶段营养液宜微碱性。黄瓜的耐盐性极差，但采用黑子南瓜作砧木嫁接可提高黄瓜的耐盐能力。

32. 日光温室连作障害产生的原因有哪些？

(1) 积盐严重，养分不均衡 温室黄瓜栽培，施肥中普遍存在重氮、磷肥而轻钾肥的现象，导致缺钾症，另外，菜农对钙、镁及其他微肥认识不足，多数不施钙肥及微肥，导致土壤大量元素如氮、磷偏高，而微量元素相对缺乏，造成养分不均衡，易出现生理障害。

(2) 表层土壤的次生盐渍化 温室黄瓜栽培长年覆盖改变了自然状态下的水分平衡，土壤得不到雨水充分淋洗，加上温室中特殊的由下到上的水分运动形式，致使盐分在土壤表层聚集，并随着棚龄的增加而增加。土壤盐类积累，造成土壤溶液浓度增加使土壤的渗透势加大，作物根系的吸水吸肥能力减弱，植物生长发育不良。

(3) 土壤酸化 土壤酸化明显，土壤物理性状恶化，植物根系有害代谢物质积累，土壤微生态失衡。

实践证明，大量增施有机肥，特别是优质的畜禽粪便可以较好地缓解连作障害。

33. 日光温室的建造都需要哪些步骤？

修建日光温室一般是从当地雨季过后开始，及早进行，以便在冬季到来前墙体干透，有利于当年冬季生产。

(1) 放线 选定场地后，先确定温室方位角，然后平整地面，钉桩放线，确定温室东西山墙和后墙的位置。

(2) 筑墙 日光温室墙体包括土墙、砖墙、复合墙体和其他新型墙体等。

传统土墙：取材方便、建造成本较低、建造难度低。一般是使用挖掘机挖土堆而成的宽厚墙体，土墙保温蓄热性能好，但土地利用率低且对耕地土层破坏严重。

砖墙：提高了土地利用率，但建造成本较高。

复合墙体：墙体分为蓄放热层、隔热层和保温层，与相同用砖量的砖墙相比，复合墙的蓄热和放热流量较大，更有利于提高日光温室室内温度。

其他新型墙体：应用新型保温材料如加气混凝土砌块、聚苯乙烯型砖等，提高温室保温性能，而且有效减少墙体厚度。

(3) 骨架制作及安装 同一栋温室及同一片温室骨架的形状、尺寸必须完全相同，便于安装。骨架设计成抛物线的弧形（拱圆形），有利于田间农事作业和温室采光。

(4) 建造后坡　钢拱架上后坡时，若承重骨架间距 85 厘米，则后坡承重的木板厚度不小于 2 厘米，板缝对齐，上面放保温层（如苯板 120～150 毫米厚，或珍珠岩加锯末子），抹后坡的白灰炉渣不要太厚，平均厚度为 8 厘米，再用 2.5 厘米的水泥沙浆找平，最后做一毡二油防水层。

(5) 覆盖薄膜　选无风的晴天多人完成。薄膜的长度应超过东西山墙外 1 米以上，宽度超过前屋面 1 米。一般沿纵向分成一大两小三块膜，搭接 20～30 厘米。山墙最好用卡膜槽和卡簧固膜，最上部一块绕过屋脊在后坡固定，两端和上部固定后，固紧压膜线，再把下端的膜埋入土中踩实。前底脚埋土做成斜坡，以利于排水。目前使用的薄膜主要是聚氯乙烯无滴膜和聚乙烯长寿无滴膜，前者幅宽多为 3 米、4 米，后者幅宽 7～9 米。

(6) 安装保温设施　入冬后，选晴天，把保温被或草帘搬上后屋面，草帘按“阶梯”或“品”字形排列，风大的地区采用“阶梯”式，保温被或两层草帘之间错茬覆盖，东西两边要盖到山墙上 50 厘米。保温被或草苫拉绳的上端应固定在后墙上的冷拔丝上，剩余草苫作为立帘备用。

(7) 辅助设施　作业间：一般在东西山墙外靠近道路的一侧建作业间，温室长度超过 100 米的可把作业间建在后墙中间。作业间宽 3 米左右，东西长 2.0～2.5 米，高度以不遮蔽温室阳光为原则。作业间南面设门，通向温室的门要靠温室后墙。作业间可防止进出温室寒风直接侵入室内，又可供人员休息、放置工具和少量生产资料等。

防寒沟：在温室主体完成之后进行，防寒沟设在温室的南侧，挖一条宽30～40厘米，深度不小于冻土层厚度的、略长于温室长度的沟，在沟内填满马粪、稻壳或碎秸秆等，踩实后再盖土封严，盖土厚15厘米以上。或者是在前墙24砖墙或20厘米宽50厘米深混凝土过梁内贴一层5厘米厚聚苯板隔热。保温效果最为理想。

灌溉排水系统：必须建立一个包括取水、蓄（储）水、输水组成的给水系统，保障水质、水量、水压的供给。园区修建水塔，确保一次性供水用量，规模在100亩左右，应设计200立方米以上；500亩以上的，可设计500～1000立方米，温室内采用微喷或滴灌。排水方式宜采用暗管（渠）排放。雨水排放可做集水设计，作灌溉用水。

卷帘机：提倡使用卷帘机。

第二章

黄瓜类型与优良品种

1. 我国黄瓜品种按地域可划分为哪几种类型?

黄瓜在我国栽培历史悠久，品种资源十分丰富。按地域划分，目前我国黄瓜品种资源主要有华南系、华北系和混合系三种类型。

华北系黄瓜瓜条长、大，有棱有刺，根系较弱。

华南型黄瓜瓜条短、粗，皮坚耐运输，少刺或无刺，根系发达。

混合系则是介于华北系和华南系中间的一种类型。由于引进品种，混合系兼有北美和欧洲黄瓜系统的特点。

华北系栽培地主要限于我国北方，其他地方较少。我国南方栽培的是华南系统的品种，世界各国栽培的也多以这一类型的品种为主。

2. 我国黄瓜品种按栽培季节可划分为哪几种类型？

按品种适宜的栽培季节分为春黄瓜、夏黄瓜和秋黄瓜。

春黄瓜一般表现早熟，节成性好，坐瓜节位低，苗期耐低温能力强，成株期则差些。春黄瓜类型的代表品种有新泰密刺等。

夏黄瓜一般表现为早熟性较好，生长势、相适应性较强，耐热和抗病性较好。此类型黄瓜多为中早熟品种，如津研 5 号等。

秋黄瓜大多属于中晚熟品种，适应性、抗病性和抗热性均较强，对水肥的要求也不太严格，节成性差些，在中高温下长势良好，但在温室和春大棚中栽培一般表现较差，产量低，如津研 7 号、唐山秋黄瓜等。

3. 我国黄瓜品种按瓜条形状可划分为哪几种类型？

按瓜形可划分为刺黄瓜、鞭黄瓜、短黄瓜和小黄瓜。

① 刺黄瓜瓜形大，比较晚熟，果面有稠密凸起的果瘤，果瘤上着生白色、黑色或棕黄色的刺毛。果肉厚，胎座小，在温室栽培时抗病性强，能稳产高产。我国华北系的黄瓜品种大多属于这一类型。

② 鞭黄瓜瓜条比刺黄瓜还要大，晚熟，果面表皮比较光滑，没有或仅有稀疏果瘤和刺毛。果肉较薄，胎座较大。我国北方栽培较多，南方多作秋黄瓜栽培。鞭黄瓜也

属于华北系类型。

③ 短黄瓜瓜形较小，早熟，果面没有果瘤或很少，但刺毛比较稠密。茎节较短，叶片无缺刻，根系发达，抗寒性和耐热性均较强。我国南方早春露地栽培多采用这一类型的品种。此类型属于华南系统，但也有欧美型粗短黄瓜。

④ 小黄瓜瓜条小，极早熟，果肉薄，胎座大，主要用于酱制腌渍，在幼瓜长 5～10 厘米时采收。属于欧美黄瓜类型，我国也有栽培。

4. 黄瓜常用优良品种有哪些？各有何特点？

(1) 津优 1 号 植株紧凑，叶色深绿，生长势强。雌花率 30%左右，回头瓜多。瓜条顺直，腰瓜长 36 厘米左右，单瓜重 250 克左右。瓜色深绿有光泽，刺瘤显著，密刺。瓜把短，一般小于瓜长的 1/7；瓜腔小于横径的1/2。瓜肉浅绿色，质地脆嫩，品质优，商品性好，符合北方人的消费习惯。

耐低温弱光能力较强，在气温 12～15℃和 9000 勒克斯低温弱光条件下生长正常。适于塑料大、中棚春提早和秋延迟栽培。在秋冬茬生产上表现尤好，也是南菜北运的主栽品种之一。一般每亩产量 5000～6000 千克。

(2) 津优 3 号 该品种耐低温弱光能力强，在气温 6℃下能正常生长发育，短期 0℃低温也不会造成植株死亡。在连阴雾天平均光照不足 6000 勒克斯时仍能收获果实。该品种高抗枯萎病，抗霜霉病、白粉病和细菌性角斑病，是日光温室越冬一大茬和冬春茬比较理想的栽培品种。

早期产量高，特别在日光温室越冬一大茬栽培时，于1月份低温寡照时期，能够获得较高的产量和经济效益。作为冬春茬栽培时，前期产量明显高于其他品种。

瓜码密，雌花节率40%以上，化瓜少。连续结瓜能力强，有的节可以同时或顺序结2～3条瓜，总产量比津春3号高30%以上。

腰瓜长35厘米左右，瓜把长在5厘米以内，即使严冬时节，瓜条长度也可达到25厘米左右。瓜色深绿，有光泽，刺密，刺瘤明显，畸形瓜少。质脆，味甜，品质好。便于长途运输。

(3) 津优35　2007年育成的棚室专用品种。植株长势中等，叶片中等大小，主蔓结瓜为主，瓜码密，回头瓜多。耐低温弱光能力强。抗霜霉病、白粉病、枯萎病。瓜条顺直，皮色深绿、光泽度好，瓜把短，刺密，无棱，瘤小，腰瓜长34厘米左右，不弯瓜，不化瓜，畸形瓜率低，单瓜重200克左右。果肉淡绿色，商品性佳。

早熟，生长期长。适宜日光温室越冬一大茬及冬春茬和大、中棚春提早茬栽培。

(4) 津优36　2007年育成的棚室专用品种。植株生长势强，叶片大，主蔓结瓜为主，瓜码密，回头瓜多。抗霜霉病、白粉病、枯萎病。耐低温弱光能力强。瓜条顺直，皮色深绿、有光泽，瓜把短，瓜腔小，刺瘤适中，腰瓜长32厘米左右，畸形瓜率低，单瓜重200克左右。

适宜日光温室越冬一大茬及冬春茬和大、中棚春提早茬栽培。

(5) 津优 38 2007 年育成的棚室栽培专用品种。植株长势强，叶片中等大小，主蔓结瓜为主，易于管理。耐低温弱光能力强。高抗枯萎病，抗炭疽病，中抗霜霉病和白粉病。瓜条商品性好，畸形瓜少。腰瓜长 35 厘米左右，单瓜重 200 克左右。瓜色亮绿，刺密，瘤适中，瓜把短。甩瓜速度快，持续结瓜能力强，不歇秧。

适合日光温室越冬一大茬、冬春茬和大、中棚春提早茬栽培。

(6) 津优 5 号 天津市黄瓜研究所选育。植株生长势强，茎粗壮，叶片中等大小，叶色深绿，分枝性中等，以主蔓结瓜为主。瓜码密，回头瓜多。单性结瓜能力强，瓜条生长速度快，从开花至采收比长春密刺早 3～4 天。瓜条棒状，深绿色，有光泽。棱瘤明显，白刺，商品性好。腰瓜长 35 厘米，单瓜重 200 克左右。早熟性好。抗霜霉病、白粉病和枯萎病能力强。耐低温弱光。适合早春茬和秋冬茬日光温室栽培。

(7) 津春 3 号 天津市黄瓜研究所选育。植株生长势强，茎粗壮，叶片较大、深绿色，分枝性中等，较适宜密植。以主蔓结瓜为主，单性结实能力强，腰瓜呈棒状、长约 30 厘米，单瓜重 200 克左右。瓜色深绿，刺瘤适中，白刺，有棱。瓜把较短，瓜条顺直。植株抗病性较强，同时具有较强的耐低温和弱光能力。适于冬春、早春和秋冬茬栽培。

(8) 冀美之星 河北际洲种苗公司产品，温室和塑料大、中棚专用品种。该品种耐低温、耐弱光、耐高温，在低温和高温条件下都能正常生长和结瓜，加上叶片中等大小，因而对棚室条件有着较强的适应能力。雌花分化早，稠密且连续分布好，坐瓜早，甩瓜速度快，结瓜能力强，1株可以同时结3～5条瓜，早春栽培比一般品种最少早上市5天。瓜条顺直，畸形瓜率极低。短把密刺，肉质脆嫩，口味佳，深受市场欢迎。是目前国内既重产量又重质量的代表性品种。日光温室越冬一大茬栽培每亩产量可达25000千克以上，早春棚室栽培可比其他主栽品种增产20%～30%。

栽培中需要特别注意三点：一是该品种节成性极好，冬春季育苗切不要使用乙烯利和增瓜灵；二是结瓜中也不要用药剂浸蘸，否则将严重影响正常瓜形，产生大量畸形瓜；三是一般栽培条件下，越冬一大茬主蔓7节以下瓜全部摘除，冬春茬和春提早茬5～7节以下瓜应全部摘除。

(9) 际洲6号 河北际洲种苗公司提供的棚室栽培专用品种。与冀美之星比，其抗病性更好，耐低温能力更强，对管理技术要求相对不太严格，中后期产量尤为突出。

耐低温弱光，喜高温高湿，对日光温室和塑料大、中棚生产环境有着很好的适应性，不早衰，不歇秧。瓜纽肥硕，甩瓜速度快；密刺短把，瓜条顺直，瓜色亮绿，品质好，市场占有力强。该品种是棚室发展区强势换代品种。

(10) 际洲3号 河北际洲种苗公司生产的温室秋冬茬和大棚秋延迟专用品种。植株生长势强，叶片中等大小，耐低温弱光，龙头旺，不歇秧，不早衰。以主蔓结瓜为主，瓜码密，连续结瓜能力强，结瓜集中，回头瓜多。

甩瓜速度快，腰瓜长33厘米左右，单瓜重200克左右。瓜条顺直，把短刺密，皮色深绿，有光泽。果肉淡绿色，肉质甜脆，商品性极好。抗霜霉病、枯萎病和白粉病，中后期产量突出。

(11) 冀美1号　河北际洲种苗公司提供的大棚春提早和秋延迟专用品种。植株生长势强，以主蔓结瓜为主，瓜码密，结回头瓜能力强，瓜条生长速度快。腰瓜长35厘米左右，单瓜重200克左右。瓜条深绿色，密刺，刺瘤明显，肉厚，质地脆甜。抗霜霉病、枯萎病和白粉病能力强，耐低温高湿。每亩产量一般6000千克左右。

(12) 保优3号　山东新泰市保护地种苗中心选育并供种。该品种耐低温，耐弱光，适于日光温室越冬一大茬和冬春茬栽培选用。其特点是植株长势健壮，抗病。根瓜着生在2～4节，瓜码密，结回头瓜多。瓜条棒状，瓜把短，刺较密，瓜长30厘米左右，瓜形整齐一致。瓜皮深绿色，有光泽。瓜肉浅绿，耐贮存，耐运输。一般每亩产量10000千克以上。

(13) 济杂3号　济南市农业科学研究所选育的一代杂交种。在日光温室越冬一大茬对比试验中，与新泰密刺相比早期产量和总产量都有大幅度提高。

植株较高，秧苗茁壮，叶片中等大小，色深绿，较厚；第1雌花着生在第4节，主蔓结瓜为主，回头瓜较多，雌花率60%左右。

腰瓜长30～35厘米，瓜把长4厘米左右，瓜条顺直，单瓜重180克。瓜皮深绿，有光泽，刺瘤密，刺白色，肉厚且脆嫩。

耐低温、耐弱光，特别适于日光温室越冬一大茬和冬春茬栽培。

(14) 中农9号 中国农业科学院蔬菜花卉研究所育成的少刺型杂交一代新品种。植株长势强，瓜短筒形，瓜色深绿，有光泽，无花纹，瓜把短，刺瘤稀，白刺，无棱，瓜长15～20厘米。抗枯萎病、黑星病、细菌性角斑病等。适于日光温室越冬一大茬和大棚春、秋栽培。一般每亩产量7000千克以上。

(15) 冠之绿 山东雷育黄瓜研究所提供的日光温室栽培专用品种。植株长势强，茎粗壮，以主蔓结瓜为主，第1雌花着生在主茎2～4节。耐低温弱光能力强，后期耐高温，不早衰，瓜码密，连续坐瓜能力强，丰产性好。瓜条棒状形，顺直，腰瓜长33～35厘米，瓜色墨绿有光泽，刺密，把短。果肉淡绿色，口感脆嫩香甜。高抗枯萎病，抗霜霉病和细菌性角斑病。适合华北、东北、西北地区温室栽培。

(16) 新美国1号 山东雷育黄瓜研究所提供，为温室大棚春季栽培优良品种。其特点是植株长势强，茎粗壮，以主蔓结瓜为主，第1雌花着生于主茎2～4节。前期耐低温弱光能力强，早期产量可提高20%；后期耐高温，不早衰。连续坐瓜能力强，丰产性好。瓜条长棒状，顺直，腰瓜长36厘米左右。瓜色深绿、有光泽，刺瘤适中，瓜把短，果肉淡绿色，口感脆嫩。高抗枯萎病，抗霜霉病、细菌性角斑病。适合华北、东北、西北地区温室大棚春季栽培。

栽培时前期以促为主，搭建高产框架，盛瓜期采用高温配套管理，以充分挖掘品种增产潜力。适宜栽培密度为每亩3500株左右。

(17) 盛世福星 山东新泰祥云种业提供的温室、大棚专用品种。该品种具有长势强，叶片中等大小，耐低温，耐弱光，早熟高产，抗病性好等特点。结瓜连续性好，化瓜率低，前、中、后期产量均衡。瓜条顺直均匀，腰瓜长40厘米左右，瓜色浓绿有光泽，无黄筋。肉厚瓜腔小，品质优良。

(18) 春秋金冠 山东新泰祥云种业提供的春、秋大棚和露地用品种。植株长势强，叶片中等大小，厚绿。主蔓结瓜为主，第1雌花着生于主蔓第3～4节。瓜条棒状，瓜色深绿，有光泽，腰瓜长35～38厘米。瓜把短，刺瘤大而密，瓜肉脆嫩。高抗霜霉病、枯萎病、黑星病。每亩产量可达15000～20000千克。

栽培时，下部侧枝摘除，中上部侧枝见瓜留2叶摘心。

(19) 沃林3号 天津沃田种业选育。植株长势中等，株型好，瓜码密，畸形瓜少，具有良好的高产、稳产性能。瓜条顺直，瓜色深绿，光泽度佳，春天不黄头、不黄筋，亮度好（不嫁接就可与白籽南瓜嫁接的品种相媲美）。瓜长35厘米左右。抗病性强，对黄瓜霜霉病、黑星病、白粉病等病害都有良好的抗性。适宜日光温室早春、秋延迟栽培。

(20) 中农13号 中国农业科学院蔬菜花卉研究所育成的日光温室专用雌型杂交种。植株生长势强，主蔓结瓜为主，回头瓜多。第一雌花始于主蔓 2～3 节。其后连续着生雌花，雌株率 50%～80%。单性结果能力强，连续结果性好，可着生多条瓜，采瓜时也可生长，且耐低温性强，早熟。从播种至始收 62～70 天。瓜长棒形，瓜色深绿，有光泽，无花纹，瘤小，刺密、白刺，无棱，瓜长 25～35 厘米，瓜粗 3.2 厘米左右。单瓜重 100～150 克，肉厚、质脆、味甜，品质佳，商品性好。高抗黑星病、枯萎病、疫病及细菌性角斑病，耐霜霉病。每亩产 6000～7000 千克，高产的每亩达 9000 千克。适宜日光温室冬春、早春和秋冬茬栽培。

(21) 津绿 3 号 由天津市黄瓜研究所育成的一代杂种。植株生长势强，叶片深绿色，主蔓结瓜为主，第一雌花着生在主蔓第四节左右。瓜呈棒状、长 30 厘米左右，单瓜重约 150 克，瓜皮深绿色、有光泽，密生白刺，瘤明显。瓜肉绿白色，质脆，品质优。耐低温、弱光，抗枯萎病、霜霉病、白粉病。早熟种从播种至始收需 60～70 天。适宜日光温室越冬茬栽培。

(22) 雷优 3 号 山东雷育黄瓜研究所选育。植株紧凑，生长势强。叶深绿色，以主蔓结瓜为主，第一雌花着生在 2～4 节。瓜码密，回头瓜多，瓜条顺直。瓜长 40 厘米左右，瓜色深绿，瓜把短。平均早期产量比密刺黄瓜系列高 40%，每亩产量最高可达 2 万千克以上。具有耐低温、耐弱光、抗病、丰产、稳产、品质优良等特点，是日光温室理想的换代新品种。适于冬春保护地栽培。

(23) 山农 5 号 山东农业大学园艺科学与工程学院育成的新品种。耐低温、耐弱光，抗病能力强，高抗枯萎病，抗黑星病、霜霉病。光合能力强，长势旺，生育后期不早衰。瓜条商品性好，瓜深绿色，刺密瘤小，瓜长 35 厘米左右，单瓜重 200 克左右，品质佳。丰产性好，以主蔓结瓜为主，瓜条生长速度快，一般每亩产量 10000～15000 千克。适合越冬栽培。

（24）鲁蔬 21 号　山东省农业科学院蔬菜花卉研究所培育的高产抗病黄瓜品种。膨瓜特别快，比一般品种提前 2～3 天采摘。节节有瓜，不封顶。前期耐低温、耐弱光，在日光温室短时间温度为 5℃时可正常生长，连续阴雨 10 天仍能收获果实。后期抗高温，中伏天也不会出现黄头、大肚、弯瓜。瓜把粗短，瓜条顺直，瓜长 35～40 厘米，色深绿，刺密，商品性好，深受南方客户欢迎。适宜冬春茬及早春茬栽培。

（25）22-33　引自荷兰瑞克斯旺有限公司。生长势强，开展度大，叶片大，耐寒，生产期较长。果实墨绿色，中长型，微有棱。孤雌生殖，单性花，每节 1～2 个果，产量高。果实采收长度 22～25 厘米，表面光滑，味道鲜美。抗黄瓜花叶病毒病，耐霜霉病、白粉病、疮痂病等，以产量高、抗性好、商品性好、耐低温等特点吸引了广大种植户，是适合出口外销的最佳中长型黄瓜品种。适合于早春和秋、冬日光温室和保护地栽培。

（26）新泰密刺　山东新泰地方品种。由当地的小八叉和大青把两个地方品种天然杂交，经多次混合选择而成。植株生长势强。早熟，第一雌花着生在主蔓第四至第五节，瓜码密，一节上往往同时着生多个雌花。瓜条棒状顺直，长 25～35 厘米，青绿色，刺瘤密。瓜把短。瓜皮薄，肉厚，味浓，品质好。耐寒性较强，耐弱光，喜肥水，高抗枯萎病，不抗霜霉病和白粉病。单瓜重150～250克，棚室每亩产量为5000～8000千克，适合东北、华北、西北、苏北、皖北等地日光温室冬春茬、大棚春提早栽培。

(27) 山东密刺　该品种类似于新泰密刺，生长势较强，茎粗节短。主蔓结瓜，第一雌花着生于主蔓第三至第四节，回头瓜多。瓜条长棒状，深绿色，刺密。瓜肉厚，品质好。抗逆性强，耐低温弱光，抗枯萎病。适合棚室冬春栽培。

(28) 鲁黄瓜10号　山东省农业科学院蔬菜花卉研究所育成的一代杂种。植株生长旺盛，以主蔓结瓜为主，结瓜早，第一雌花着生于主蔓2～4节，表现雌花率高，早熟、抗病、丰产。商品瓜为棒状，瓜皮绿色，无黄色条纹或斑点，刺瘤白色，疏密适中，品质优良。该品种适于冬暖大棚越冬茬栽培，在短时5～8℃的低温下安全不受冻害。产量较新泰密刺增产10%以上，对霜霉病、白粉病的抗性亦优于新泰密刺。

(29) 鲁黄瓜4号　山东省农业科学院蔬菜花卉研究所育成的一代杂种。植株生长旺盛，以主蔓结瓜为主，第一雌花着生在主蔓第2～3节上，雌花节率高达50%以上。商品瓜长35厘米左右，瓜条上下粗细一致，瓜皮深绿色，刺瘤白色密生。早熟性状好，较耐低温弱光，较抗霜霉病、白粉病、枯萎病。

(30) 鲁春26　山东省农业科学院蔬菜花卉研究所育成的一代杂种。早熟品种，植株长势强，主蔓结瓜为主，中后期侧蔓可结回头瓜。第一雌花着生在第3～4节，以后每隔2～3节着生一雌花。瓜条绿色，长约45厘米，白刺，刺瘤密。较抗霜霉病、白粉病。

(31) 农大12　中国农业大学园艺学院育成的一代杂种。该品种植株长势强，根系生长旺盛，不定根瘤状突起发生多而高，节间中长，侧蔓多，叶片掌状，绿色。主、侧蔓同时结瓜。主蔓第一雌花着生在第5～6节。瓜条绿色，长35～40厘米，略有棱、刺，单瓜重400～500克。肉厚，胎座小，味香甜，品质好，耐低温。早熟品种。

(32) 农大14　中国农业大学园艺学院育成的一代杂种。该品种植株长势强，茎粗，节间中长，侧蔓多，叶片掌状，绿色。第一雌花着生在第4～5节，瓜条深绿色，长35～45厘米，无棱、刺，单瓜重约500克，肉厚，质脆，味香甜，品质好，耐低温。为早熟品种。

(33) 津春4号　天津市黄瓜研究所育成的一代杂交种。1993年通过天津市农作物品种审定委员会审定。植株生长势强，株高2～2.4米，分枝多。主蔓结瓜为主，侧蔓亦有结瓜能力，并有回头瓜。瓜条长棒形，长30厘米，瓜色深绿，有光泽，白刺，棱瘤明显。瓜肉厚，质脆，味清香，品质佳。抗霜霉病、白粉病和枯萎病能力强。单瓜重约200克。一般每公顷产量为82500千克，比津研4号增产30％～50％。适合我国各地露地栽培，每公顷栽植55000株左右。

(34) 津春5号　天津市黄瓜研究所育成的加工与鲜食兼用的黄瓜一代杂交种。该品种表现早熟，春露地栽培第一雌花着生在第五节左右，秋季栽培第一雌花着生在第七节左右。瓜条深绿色，刺瘤中等（外观接近津春4号），瓜条顺直，长33厘米，横径3厘米。生长势较强，侧枝、主蔓同时结瓜。口感脆嫩，商品性状好，用以加工出口符合外贸的要求，腌渍出菜率56%，是加工与鲜食兼用的优良品种。抗霜霉病、白粉病、枯萎病等病害，尤其是在多年连茬地表现出明显的抗病优势。每公顷产量为60000～75000千克，较津春4号增产30%～50%。该品种适合拱棚春提前及秋延迟栽培，一般定植密度为每公顷52500～60000株。

(35) 津优2号 天津市黄瓜研究所育成的一代杂交种。1998年通过天津市农作物品种审定委员会审定。植株生长势强，茎粗壮，叶片肥大，叶色深绿，以主蔓结瓜为主，分枝性弱，瓜码密，平均第一雌花节位为4.2节，回头瓜多，在良好栽培条件下，可上下反复多次结瓜。腰瓜长32厘米，瓜条棒状，深绿色，有光泽，瘤显著，密生白刺。果肉厚，外观佳，品质优。该品种早熟，从播种到采收约70天，采收期90～120天，中前期具有较大的丰产潜力。单瓜重约200克，平均每公顷产量为82500千克左右。抗枯萎病、霜霉病、白粉病等病害。适合日光温室栽培，尤其适合冬春茬日光温室栽培。苗龄40～45天、3叶1心至4叶1心时定植，每公顷栽50000～52500株。

(36) 津优4号 天津市黄瓜研究所育成的一代杂种。具有多抗、丰产稳产、品质优良等特点，是露地黄瓜优良一代杂交种。植株紧凑，长势强。叶深绿色，主蔓结瓜为主，雌花节率25%左右，回头瓜多，侧枝结瓜后自封顶，较适宜密植。抗病性强，抗枯萎病、白粉病、霜霉病。耐热性好，在32～34℃高温下生长正常。商品性好，瓜条顺直，长35厘米左右，瓜色深绿，有光泽，瘤显著，密生白刺，单瓜重200～250克。每亩产量可达5500千克。春露地可延长收获期，秋天种植可提前播种，获得较高的产量和经济效益。适合春秋露地栽培。

(37) 津优10号 天津市黄瓜研究所育成。该品种生长势强，前期以主蔓结瓜为主，中后期主侧枝均具有结瓜能力。早熟性好，第一雌花着生在第四节左右，瓜条生长速度快，成瓜性好。瓜条深绿色，有光泽，刺瘤中等，口感脆嫩。抗霜霉病、白粉病和枯萎病。前期耐低温，后期耐高温。是早春塑料大棚栽培与秋延迟大棚栽培的理想品种。

(38) 津优30号 该品种耐低温弱光能力强，在气温6℃下能正常生长发育，短期0℃低温也不会造成植株死亡。在连阴雾天平均光照不足6000勒克斯时仍能收获果实。该品种高抗枯萎病，抗霜霉病、白粉病和细菌性角斑病，是日光温室越冬一大茬和冬春茬比较理想的栽培品种。早期产量高，特别在日光温室越冬一大茬栽培时，于1月份低温寡照时期，能够获得较高的产量和经济效益。作为冬春茬栽培时，前期产量明显高于其他品种。瓜码密，雌花节率40%以上，化瓜少。连续结瓜能力强，有的节可以同时或顺序结2～3条瓜，总产量比津春3号、津优3号高30%以上。腰瓜长35厘米左右，瓜把长在5厘米以内，即使严冬时节，瓜条长度也可达到25厘米左右。瓜色深绿，有光泽，刺密，刺瘤明显，畸形瓜少。质脆，味甜，品质好。便于长途运输。

(39) 津优 40 号 天津市黄瓜研究所育成的一代杂交种。生长势强，叶片较大，主蔓结瓜为主。高温条件下（32～35℃）能正常开花结果。成瓜性好，瓜条生长速度快。腰瓜长 33 厘米，横径 3 厘米，单瓜重 170 克。瓜皮深绿，有光泽，刺瘤中等。瓜条顺直，畸形瓜率低，外观漂亮。瓜肉绿色，口感脆嫩，味甜。抗黄瓜霜霉病、白粉病、枯萎病，高温下抗病毒病能力强，适于春、夏、秋露地栽培。春露地栽培一般每亩产量 6000 千克左右。

(40) 中农 6 号 中国农业科学院蔬菜花卉研究所培育的黄瓜一代杂交种。植株生长势强，主侧蔓均可结瓜，第 1 雌花着生在 3～6 节，以后每 3～5 节出现 1 个雌花。瓜条棍棒形，长 30～35 厘米，横径 3 厘米，单瓜重 100～150 克。瓜把短，心腔小，瓜皮深绿色，有光泽，无黄色条纹，瓜面无棱，刺瘤小，刺密白色。肉质脆，味甜，品质佳，商品性好。中熟品种。抗霜霉病、白粉病、黄瓜花叶病毒病。适于东北、华北和华东等地春露地和小拱棚半程覆盖栽培。一般每亩产量 4000～4500 千克。

(41) 中农 7 号 是由中国农业科学院蔬菜花卉研究所育成的保护地早熟三交种。1994 年通过山西省农作物品种审定委员会审定。植株生长势强，叶色绿，叶大，生长速度快。主蔓结瓜，侧枝强，第一雌花始于主蔓第二至第三节，雌株率 80%左右，结瓜集中。瓜条长棒形，长 30～35 厘米，瓜色深绿，有光泽，瓜尾无黄条纹，无棱，刺瘤密，白刺。肉质脆嫩、味甜、品质好。早熟种，从播种到始收 60 天左右。较耐低温弱光，抗霜霉病、白粉病、黑星病、枯萎病、疫病及黄瓜花叶病毒病。单瓜重150～200克，每公顷产量为75000～105000千克，前期每公顷产量为42000千克。适合保护地春大棚栽培。

(42) 中农8号 中国农业科学院蔬菜花卉研究所选配的一代杂交种。该品种为普通花型一代杂交种，植株长势强，生长速度快，株高220厘米以上。叶色深绿，分枝较多，主侧蔓结瓜，第1雌花着生在主蔓4～6节，以后每隔3～5节出现一个雌花。抗霜霉病、白粉病、黄瓜花叶病毒病、枯萎病、炭疽病等多种病害。我国南、北方春、秋两季均可种植，特别适宜南方春、秋露地栽培，北方春露地及秋棚延后栽培。

(43) 中农9号 中国农业科学院蔬菜花卉研究所育成的少刺型杂交一代新品种。植株长势强，瓜短筒形，瓜色深绿，有光泽，无花纹，瓜把短，刺瘤稀，白刺，无棱，瓜长15～20厘米。抗枯萎病、黑星病、细菌性角斑病等。适于日光温室越冬一大茬和大棚春、秋栽培。一般每亩产量7000千克以上。

(44) 中农13号 中国农业科学院蔬菜花卉研究所培育。植株生长势强，生长速度快，主蔓结瓜为主，侧枝短，回头瓜多。第一雌花始于主蔓第二至第四节。单性结瓜能力强，可多条瓜同时生长。瓜条棒形，长25～35厘米，瓜色深绿，有光泽，无花纹，瘤小刺密，无棱。该品种耐低温弱光性突出，高抗黑星病及其他主要病害，商品性好。单瓜重100～150克，每亩产量为6000～7000千克。适合保护地栽培。

(45) 冀美4号 河北际洲种苗公司提供的露地春、

夏、秋栽培专用品种。植株生长势强，瓜码密，回头瓜多。瓜条顺直匀称，瓜色深绿，有光泽，刺瘤中等，瓜把短，肉质甜脆，味清香，品质上乘。腰瓜长 35 厘米左右，单瓜重 200 克左右。抗霜霉病、白粉病和枯萎病。耐热性好，每亩产量 6000 千克左右。

(46) 际洲 1 号　河北际洲种苗公司提供的露地春、夏、秋栽培专用品种。该品种体现了传统抗病基因与荷兰丰产基因结合的优势，实现了高产与抗病、高产与优质的和谐统一。具有长势强，甩瓜速度快，连续结瓜能力强的特点。瓜条顺直，畸形瓜少，腰瓜长 36～40 厘米，单瓜重 300 克左右。瓜把短，刺瘤密，瓜色深绿，有光泽。果肉厚，浅绿色，质地脆嫩，清香适口。抗三大病害，前期以主蔓结瓜为主，中后期主侧蔓均可结瓜。每亩产量可达 10000 千克以上。

为我国南北各地春、夏、秋露地栽培最佳品种。

栽培时要适期播种，避免高温烤苗。根瓜要适时早摘，中上部侧枝见瓜留 1～2 片叶摘心。在增施有机肥的基础上，大肥大水更有利于高产。

(47) 中农 12 号　中国农业科学院蔬菜花卉研究所育成的一代杂交种。植株生长势强，主侧蔓都可结瓜。第 1 雌花着生在主蔓第 2～4 节，以后每隔 1～3 节出现 1 个雌花，瓜码较密。瓜长棒形，长 28～32 厘米，横径 3～3.5 厘米，单瓜重 150～180 克。瓜把短，瓜皮深绿，有光泽，无花纹，瘤小无棱，刺密白色。皮薄肉脆，味甜清香，品质佳，商品性好。

中熟品种，抗霜霉病、白粉病，较抗疫病和枯萎病，每亩产量4000～5000千克。

该品种适于北京、河北、天津等地春露地栽培。

(48) 中农10号 中国农业科学院蔬菜花卉研究所培育的中熟雌型一代杂种。植株生长势及分枝性强，叶色深绿，主侧蔓结瓜，瓜码密，丰产性好。抗霜霉病、白粉病、枯萎病等多种病害。瓜色深绿、略有条纹，瓜长25～30厘米，瓜粗3厘米，单瓜重150～200克，刺瘤密、白刺，无棱，瓜把极短。肉质脆甜，品质好。耐热抗逆性强，在夏、秋季高温长日照条件下表现为强雌性。瓜码比一般品种密。适宜秋延迟栽培。

(49) 绿耐克 山东雷育黄瓜研究所提供。植株生长势强，叶片适中，以主蔓结瓜为主，耐热能力强，在气温32～38℃下能正常结瓜。成瓜性好，甩瓜快，瓜长33厘米左右。瓜条棒状，顺直，瓜把极短，刺瘤密，瓜色深绿且有光泽，外形美观。果肉绿色，口感脆嫩香甜，畸形瓜率低。高抗霜霉病和枯萎病，抗白粉病和病毒病。每亩产量可达15000千克左右。适于春、夏、秋露地栽培，也可作大、中棚秋延迟栽培。

(50) 京研118 华北密刺型黄瓜一代杂种，适合我国北方地区春温室和春、秋大棚栽培。植株生长势较强，中早熟。抗霜霉病、白粉病和黄瓜花叶病毒病，耐低温、弱光。商品瓜棒状，顺直，瓜把较短，瘤刺中小，较密，小心室，腰瓜长约32厘米，单瓜质量在200～240克之间，瓜肉淡绿色，甜脆，口感好。连续坐瓜能力强，丰产潜力大，每亩产量可达3000千克。

(51) 龙早一号 早黄瓜一代杂种，雌性系品种，早熟，植株长势中等，主蔓结瓜为主，瓜条顺直，长 22 厘米左右，果皮浅绿，白刺稀少，果肉浅绿，清香味浓。耐低温弱光，丰产性好。高抗枯萎病，抗角斑病及褐斑病。每亩产量 3000 千克左右。适合黑龙江省春保护地栽培。

(52) 东农 812 早黄瓜一代杂种。植株长势强，耐低温、弱光，高抗枯萎病，抗霜霉病和白粉病。第 1 雌花节位为第 4～5 节，强雌性。果实短圆筒形，果皮翠绿色，瓜长 15～18 厘米，粗 3.5～4 厘米，单瓜质量 120～140 克。商品瓜率 90%以上，优质丰产，每亩产量 4000 千克左右，适合我国东三省及内蒙古地区棚室春、秋两季栽培。

(53) 京研夏美 露地黄瓜一代杂种。植株生长势较强，瓜条长棒状，38～40 厘米，瓜色油绿，光泽明显，密生白刺，风味浓，品质优良。耐高温和长日照，抗霜霉病、枯萎病，中抗白粉病。北方地区春季露地栽培产量每亩为 4500～5800 千克，适宜华北、东北、西北和南方部分地区春、夏、秋季露地栽培。

5. 水果型黄瓜品种有哪些？各有什么特点？

水果型黄瓜，又称无刺“迷你”黄瓜，甜脆爽口，适宜鲜食，瓜型短小，表面光滑无刺，利于清洗包装，因此被称为高档黄瓜新品种。目前普遍认为，早春栽培宜选用戴多星、拉迪特等长势旺盛的品种，秋延迟栽培宜选用夏多星，晚秋越冬栽培宜选用卡斯特、康德、春光 2 号等耐寒品种。

(1) 戴多星、秋多星、夏多星 荷兰瑞克斯旺公司引进的系列水果型杂交一代优良品种。其中戴多星果实翠绿色，有光泽，无棱无刺，瓜长14～16厘米，横径2.5厘米，皮薄脆嫩口感好。该品种以主蔓结瓜为主，瓜码密。耐低温，耐弱光，抗寒，抗黄瓜花叶病毒病，耐黄瓜霜霉病和白粉病。可在露地、大棚和温室栽培，考虑其生长期较长，种价较高，故一般多用作日光温室越冬一大茬栽培，并采用黑籽南瓜作砧木进行嫁接。由于植株开张度大，建议在冬用型日光温室栽植密度以每亩3000株左右。栽培中要注意定期“复根壮株”，争取后延，直到炎夏后结束，以提高效益。也有的将其作冬春茬自根苗栽培，然后越夏遮阳网覆盖，直到秋末冬初结束。

秋多星适于秋延迟栽培，也可以用作越冬一大茬栽培，其瓜长16～18厘米。夏多星耐热性好，适合夏秋茬栽培，其瓜长16～18厘米，表面光滑，味道鲜美。

(2) MK160 是从荷兰德奥特种业集团引进的一代杂交种。瓜型短小，心室占55%左右，清香甜脆，口感非常好，既可作为水果食用，也可炒食，深受消费者喜爱。该品种生长势强，节成性好，一节多瓜，节节有瓜。瓜长14～16厘米，深绿色，成熟瓜油绿光亮，瓜条直，匀称，商品性状好。高抗霜霉病、疫病、白粉病、黑星病。单瓜重75～100克，每亩产量为2500～2800千克。该品种耐低温弱光能力稍差，不宜在冬季种植，适合秋延迟、春提早种植。每亩栽植2000～2300株。

(3) 京研迷你1、2、3号 国家蔬菜工程技术研究中心育成的水果型小黄瓜。其共同点是植株生长势强，为全雌株，节节有瓜。瓜面光滑无刺，味甜。耐霜霉病、白粉病和枯萎病。1 号瓜长 10 厘米，2 号瓜长 12 厘米左右，3 号瓜长 13～14 厘米。京研迷你 1 号和 2 号均为保护地专用品种，适于日光温室越冬一大茬、冬春茬和大棚春提早栽培。京研迷你 3 号适于日光温室冬春茬和大棚春提早栽培。

(4) 春光 2 号 中国农业大学选育的一代杂交种。综合性状良好，种子价格适宜。中短瓜型，瓜长约 20 厘米，横径约 3 厘米，果面光滑无刺或略有隐刺，皮色亮绿。香甜脆嫩，口感好，适于鲜食。植株生长势强，以主蔓结瓜为主，根瓜出现在第四至第五节，雌花节率高，持续结瓜能力强，丰产潜力大。单瓜重 100 克左右，一般每亩产量为 4000 千克，高产可达 5000 千克以上。耐低温弱光能力强，是日光温室冬茬栽培较为理想的品种。高抗枯萎病，较耐霜霉病等病害。

(5) 中农 19 号 中国农业科学院蔬菜花卉研究所育成的光滑水果型雌型一代杂交种。长势和分枝性极强，顶端优势突出，节间短粗。第一雌花始于主蔓第一至第二节，其后节节为雌花，连续坐果能力强。瓜短筒形，长 15～20 厘米，单瓜重约 100 克，瓜色亮绿一致，无花纹，果面光滑，易清洗。口感脆甜。丰产，每亩产量最高可达 10000 千克以上。抗枯萎病、黑星病、霜霉病和白粉病等。耐低温弱光能力强，适合越冬日光温室、春棚、春茬日光温室栽培。华北地区春茬日光温室 1 月中旬育苗，2 月中旬定植，3 月中旬始收。春棚 2 月中下旬育苗，3 月中下旬定植，4 月中下旬始收。越冬茬 9 月～10 月播种育苗，可用南瓜嫁接。每亩栽 2000～2500 株。打掉全部侧枝及 5 节以内雄花，注意疏花疏果，及时摘除畸形瓜纽，及时整枝落蔓。该品种不宜喷乙烯利、增瓜灵等激素。

(6) 甜翠绿 6 号 北京生光地公司培育的一代杂交种。以主蔓结瓜为主，强雌性，瓜码密，瓜长 18 厘米左右，横径 3 厘米，无棱无刺，外皮绿色，有光泽。种子腔小，皮薄。口感香甜脆嫩。抗病性较强。适合大棚春茬和秋茬，日光温室早春茬、秋冬茬及越冬茬种植。每亩栽 2000～2500 株。

(7) 世纪辉煌 2 号 引自日本的少刺型黄瓜一代杂交种。适于温室、大棚和早春拱棚栽培。第 1 雌花着生在 3～4 节，以主蔓结瓜为主，持续结瓜能力强。瓜条圆棒状，瓜把短，瓜皮亮绿色，刺少且小。瓜长 20～25 厘米，横径 3 厘米，单瓜重 150 克左右，瓜腔小，风味佳。植株耐寒性强，在恶劣环境下生长良好。高抗枯萎病和霜霉病对肥水需求量大，产量高且稳定。

(8) 康德 引自荷兰瑞克斯旺。微型黄瓜品种，产量高，每节 1～2 个果。果长 16～18 厘米，表面光滑，微有棱，味道鲜美，适合出口。耐霜霉病，抗白粉病和疮痂病。适合于早春、秋冬、冬春日光温室栽培。

(9) 拉迪特 引自荷兰瑞克斯旺。生长势中等，叶片小，叶色淡绿。果实长度 16～18 厘米，表面光滑、稍有棱。果实味道鲜美，商品性好。该品种孤雌生殖，多花性，产量高。每节 3～4 个果，果实采收长度 12～18 厘米。耐高温能力强，耐霜霉病，对黄瓜花叶病毒病、黄脉纹病毒病、白粉病和疮痂病有抗性。该品种以其高产、优质、果形好的特性备受出口商和高档超市的青睐，市场平均售价高出同类产品的20%以上，是菜农增加收入的首选品种，尤其越夏栽培时更表现出其优越性。适合于越夏和秋延迟种植。

(10) 萨菲 从以色列海泽拉优质种子公司引进。为杂交一代种，无限生长型。植株生长中等旺盛。单果长15～18厘米、圆柱形，果实暗绿色、光滑无刺、高度整齐，耐贮运，口味佳。具高产品质。对霜霉病有抗性，耐受白粉病、黄瓜花叶病毒病。适宜秋延迟和早春栽培。

(11) 冬秀 从法国威迈种子公司引进。纯雌性无刺短黄瓜，中早熟，单性花，每节坐瓜。生长旺盛，节间短，侧枝发达，瓜条深绿色、有光泽、微有棱，口味佳。瓜条长15厘米左右，直径3.5～4厘米。抗白粉病和霜霉病，产量高。耐低温弱光。适合于日光温室越冬和早春栽培。

(12) 萨瑞格 从以色列海泽拉优质种子公司引进。单性结实，全部为雌花杂交品种。植株生长旺盛，早熟，产量极高。果期较集中，低温下坐果能力强。果长14～16厘米，暗绿色，表面光滑无刺。对白粉病有抗性。适于冬春、早春和秋冬茬栽培。

(13) 洛瓦 引自荷兰皇家种子公司。为杂交一代品种。生长势强，全雌性，以主蔓结瓜为主，每节都可坐瓜。耐低温和弱光。果实表面光滑，无瘤无刺，易清洗。果实深绿色，圆柱形，上下粗细一致，瓜长14～16厘米、直径3厘米，对霜霉病有抗性。

适于秋延迟、越冬和早春栽培，是适合我国国内客户及边贸俄罗斯客户需求的品种。

(14) 欧宝 从法国 G. S. N 种子公司引进。欧洲型纯雌系品种。植株健壮，生长势稳健，以主蔓结瓜为主，每节均可坐瓜。单果长 12～16 厘米、直径 3 厘米，圆柱形，上下粗细一致、果实中绿色，光滑无刺无瘤，耐贮运，口味佳。具高产品质。对白粉病有抗性，耐低温弱光能力强。产量高，每亩产量 10000 千克以上。适宜秋延迟、越冬和早春栽培。

第三章 黄瓜生产基础

1. 黄瓜的根系有什么生长特点？

浅根系，通常主根向地伸长，可延伸到 1 米深的土层中，但主要集中在 30 厘米的土层。主根上分生的侧根向四周水平伸展，伸展的范围可达 2 米左右，但主要集中于半径 30～40 厘米的范围内，深度为 6～10 厘米。

黄瓜根系好气性较强，抗旱力、吸肥力都比较弱，故在栽培中要求定植要浅，土壤要求肥沃疏松，并保持土壤湿润，干旱时注意灌水。

黄瓜根系的形成层（维管束鞘）易老化，并且发生得早而快。所以幼苗期不宜过长，10 天的苗龄，不带土也可成活，30～50 天的苗龄带土坨、纸袋不伤根，也能成活，如根系老化或断根后，很难生出新根。所以在育苗时，苗龄不宜过大。定植时，要防止根系老化和断根，保全根系。

2. 黄瓜的茎有什么生长特点？

茎蔓性，中空，4 棱或 5 棱，生有刚毛。5～6 节后开始伸长，不能直立生长。茎的长度取决于黄瓜的类型、品种和栽培条件。早熟的春黄瓜类型茎较短，一般茎长 1.5～3 米；中、晚熟的半夏黄瓜和秋黄瓜类型茎较长，可长达 5 米以上。

茎的粗细、颜色深浅和刚毛强度是植株长势强弱和产量高低的标志之一。茎蔓细弱、刚毛不发达，很难获得高产；茎蔓过分粗壮，属于营养过旺，会影响生育。一般以茎粗 0.6～1.2 厘米，节间长 5～9 厘米为宜。

3. 黄瓜的叶有什么生长特点？

黄瓜的叶分为子叶和真叶。子叶贮藏和制造的养分是秧苗早期主要营养来源。子叶大小、形状、颜色与环境条件有直接关系。在发芽期可以用叶来诊断苗床的温、光、水、气、肥等条件是否适宜。

真叶为单叶互生，叶缘有缺刻，叶面积较大，一般 200～500 平方厘米。黄瓜之所以不抗旱，不仅因为根浅，而且也和叶面积大、蒸腾系数高有密切关系。壮龄叶是光合作用的中心叶，应格外用心加以保护。叶片达到壮龄以后净同化率逐渐减少，应及时摘除老叶和病叶，以减轻壮龄叶的负担。

叶的形状、大小、厚薄、颜色、缺刻深浅、刺毛强度和叶柄长短，因品种和环境条件的差异而不同。生产上可以用叶的形态表现来诊断植株所处的环境条件是否适宜，以指导生产。

4. 黄瓜的花有什么生长特点？

黄瓜基本上是雌雄同株异花，偶尔也出现两性花。黄瓜为虫媒花，依靠昆虫传粉受精。黄瓜花着生于叶腋，一般雄花比雌花出现得早。雌花着生节位的高低，即出现早晚，是鉴别熟性的一个重要标志。不同品种有差异，与外界条件也有密切关系。

5. 黄瓜的果实有什么生长特点？

黄瓜的果实为假果，是子房下陷于花托之中，由子房与花托合并形成的。果面平滑或有棱、瘤、刺。果形为筒形至长棒状。黄瓜的食用产品是嫩瓜，通常开花后 8～18 天达到商品成熟，时间长短由环境条件决定。黄瓜可以不经过授粉受精而结果，称为单性结实，但授粉能提高结实率和促进果实发育。所以在阴雨季节和保护地栽培时，人工授粉可以提高产量。

黄瓜种子为长椭圆形、扁平、黄白色。种子千粒重 16～42 克。种子寿命 2～5 年。生产上采用 1～2 年的种子。

6. 黄瓜生长发育经历哪几个关键时期？

黄瓜生长发育一般经历发芽期、幼苗期、初花期和结果期 4 个阶段。

(1) 发芽期 由播种至第 1 片真叶出现，需 5～8 天。此期要给予较高的温度和充足的光照，以利于苗齐苗壮。出苗后要防止徒长。撒播要及时在子叶展开时分苗。黄瓜播种后，正常温度下 4 天即可出土，出土后子叶迅速展开，进而心叶开始出现。子叶展平前温度和湿度过高，易成为徒长苗。如果土温过低，出土缓慢，土温低于 10～15℃可能烂种。

(2) 幼苗期 从真叶出现到真叶 4～5 片定植为止，约需 30 天。如光照过弱、氮肥过多、水分过多、温度过高，易形成徒长苗。幼苗生长健壮的标志：从第 1 片真叶后，茎轴呈“Z”字形生长，即“倒拐”。幼苗期结束叶原基已分化到 22～23 节，花芽分化已达 40%。在温度和光照管理上要有利于雌花分化。

(3) 初花期 由真叶 4～5 片定植起到第 1 雌花瓜坐住（根瓜），约需 25 天。早熟品种时间短，晚熟品种时间长。该期结束时茎高 30～40 厘米，真叶展开 7～8 片。有的品种开始出现侧枝。当第 1 条瓜的瓜把由黄绿变成深绿，俗称“黑把”时，标志初花期结束。栽培管理上要调节营养生长和生殖生长的关系，地上部和地下部的关系，常进行“蹲苗”。

(4) 结果期 由第 1 果坐住到拉秧，时间因栽培方式、栽培条件和品种的不同而不同，一般经历 30～100 天。冬春茬保护地和高寒地区一年一季栽培的可达 150 天左右。本期是连续开花坐果期，栽培中要尽可能延长结果期。结瓜期必须及时供应充足的水分和养分，以提高黄瓜产量和质量。此期也是最易发病期，应加强日常管理，减少病虫害的发生。

7. 黄瓜花芽分化有何特点？

黄瓜花芽分化很早，但前期性别分化未定，而当雌雄蕊分生后才决定花的性别。发芽后 10 天，当幼苗第一片真叶展开时，其茎端已分化 7～8 节，而在第 3～4 节花芽开始分化时，叶腋中即现花芽原基。发芽后 20 天，具 3 片真叶的幼苗，分化 15 枚叶，2～11 节开始花芽分化，但性别未定；发芽 35 天后有 6 片真叶幼苗，分化 27 枚叶，2～23 节花芽分化，10～14 节已分化为雌花，其余为雄花。尔后由下往上可连续或间断性分化花芽。

8. 影响黄瓜花芽分化的环境因子有哪些？

诱导黄瓜花芽分化的影响因子包括内外两个方面，内因是指黄瓜叶片中有自然形成的一种激素类物质即成花激素，由于这种物质源源不断地输送到腋芽中，进而合成促进花芽分化的酶蛋白，诱导花芽分化。酶蛋白积累量多，则形成雌花，其数量少则形成雄花。而另一影响因子，是外界的环境条件，主要是指夜低温和光周期感应。

9. 黄瓜生长发育对温度有什么要求？

黄瓜生长的适宜温度为18～32℃，不耐低温，在10～

13℃时，植株生长缓慢，在5℃时，植株生理机能失调，如遇到零度以下的低温，植株会冻死。种子在低于12℃情况下不能发芽，发芽的最适温度为25～30℃，但种子经过－6～－2℃的低温处理后，则在10℃时也能发芽。植株在生长过程中，如温度高于20℃，经过26天便进入开花期，温度在20℃以下时，约需37天的时间才能进入开花期。

10. 黄瓜生长发育对光照条件有什么要求？

黄瓜属短日照植物，但品种不同对日照要求也不同，一般在较长或较短的日照条件下均能开花结果。但幼苗期间，在短日照和温度较低的条件下，可使雌花的着生节位降低并增加雌花的数目，能促使提前开花、结果。黄瓜的果实膨大需要较强的光照。

11. 黄瓜生长发育对水分条件有什么要求？

黄瓜叶片大而多，其蒸腾作用强。黄瓜是浅根性作物，大量的侧根分布在表土层，因此，对水分要求较高。黄瓜不耐干旱，所以要保持一定的土壤湿度和空气湿度，最适宜的空气相对湿度是70%～90%。但土壤水分不能过多，若过多则会影响根系生长。空气湿度过大，也易诱发病害。

12. 黄瓜生长发育对土壤质地有什么要求？

黄瓜种植在肥沃的壤土上最为适宜。在肥水充足的条件下，沙壤土或沙土也能使黄瓜早熟高产。在黏性重的土壤上栽植黄瓜，因通透性差，产量会有所下降。

13. 黄瓜生长发育对营养条件有什么要求？

黄瓜在整个生育阶段，生长迅速，光合作用强，特别是生长盛期，需要大量的营养。然而，各个发育阶段对肥料要求有所不同。幼苗期耐肥力弱，而且对肥料的浓度十分敏感，必须采取轻施勤施的方法，并以氮肥为主。到了结果期，需要氮、磷、钾三种肥料混合使用，但追肥也要遵循少量多次的原则。

14. 影响黄瓜高产高效的因素主要有哪些？

（1）不能按着日光温室性能合理地安排种植茬次 日光温室的温度性能直接影响着深冬季节黄瓜的生产安全和产量。一般说来，冬季极端最低气温在8℃以上（最好在9.5℃左右）的冬用型日光温室，才能保证深冬季节黄瓜正常生产，然而目前大多数地方越冬一大茬黄瓜生产使用的还多属春用型日光温室。春用型日光温室的极端最低气温通常是在5℃或以下，多数年份无法满足黄瓜生长发育的需要，特别是在经常遭受低温连阴雾天的地方，进入严冬后普遍出现低温冷害的症状：叶片变小，呈降落伞样或皱缩畸形；节间变短，龙头紧缩，结瓜部位明显上移，及至花打顶；结瓜停滞或畸形，出现明显的歇秧现象。

造成越冬一大茬黄瓜生产上普遍存在的“小马拉大

车”现象，并非日光温室本身性能所限，而是一些错误的思想和理念把日光温室设计建造引向歧路。有的把日、候、旬，甚至月平均气温作为衡量日光温室温度性能的指标，忽视了极端最低气温这个最有实用价值的指标。有的忽视了保温比、前后坡在地面水平投影宽度比、前屋面合理采光角度等对温室性能具有重大影响的基本参数，随意增加温室跨度、缩短后坡长度、增大地面以上暴露部分等，导致了日光温室性能不能得到极致发挥。

(2) 品种与栽培季节条件不相适应 黄瓜不同茬次栽培期间的温光条件不一样，不同的黄瓜品种对环境的要求也不尽相同。在棚室和露地栽培中，不同茬次应选用不同的栽培品种。在日光温室里栽培时就品种熟型而言，顶端优势较强的早熟品种更适合于冬春茬和越冬一大茬生产。秋延迟和秋冬茬则应选择顶端优势中庸的中晚熟品种。在秋冬茬上采用早熟品种会导致严重减产。越冬一大茬生产上重视了品种的耐低温弱光性，忽视了耐受高温的能力，也是影响产量发挥的一个重要原因。

(3) 品种名称混乱，缺乏个性化的配套管理技术 我国目前的黄瓜栽培还基本处在不论什么品种都是一个管法的初级阶段。品种名称混乱，技术难以组合；育种与栽培脱节，难以形成与品种特性配套的栽培技术，难以做到良种良法一起推，这是造成目前这种局面的一个主要原因。

(4) 生产上还存在一些违背科学的地方 目前，黄瓜生产上还存在一些违背科学和缺少人性化管理的现象。首先，一些地方保护地黄瓜栽培技术上还多是从露地引到大棚，再从大棚转到日光温室，并没有形成与设施条件、环境因子和栽培季节相适应的配套技术，如棚室内多数还是袭用露地的种植行距和密度；在日光温室里采取加温温室和大棚里黄瓜霜霉病的生态防治方法；在越冬一大茬黄瓜栽培上过早地覆盖地膜和一盖到底，缺少与长期栽培相适应的根系恢复和植株复壮配套技术等。其次，黄瓜集约化栽培水平较低，如苗期控水防徒长、冬季温室控水防病害。最后，在技术上还被一些违背科学的说法所迷惑，如在无害化黄瓜生产中，过分强调有机肥的作用，忽视有机肥可能存在的污染，夸大化肥特别是硝酸铵的毒害作用，忽视了化肥在增产增收上的巨大作用，致使在低温季节黄瓜不能及时获得急需的氮素营养，致使生理病害频繁发生。

(5) 病虫害防治不能适应生产发展的需要 黄瓜的特征使它更容易受到病虫的伤害，特别在日光温室环境下，病害发生种类不仅多，而且严重，是目前受病虫害威胁最严重的蔬菜之一。但目前的病虫害防治工作明显不能适应生产发展的需要。一是科研工作滞后，首先对黄瓜病害发生的总体规律缺乏必要的研究和总结，病害防治基本上处于“兵来将挡，水来土掩”和“不见棺材不落泪”的被动局面，缺乏有预见性的预防和准备。其次是对一些新发病害没有明确的诊断结果，许多黄瓜专业书本上介绍的防治用药明显落伍。二是目前在第一线从事植保工作的多是国外大公司的农药代理商和基层经销户，由于受职业习惯和专业知识限制，病虫防治只剩下了“治”，没有了“防”，“以防为主，综合防治”的植保方针被束之高阁。一旦病害爆发只有一阵乱用药，不仅用药多而且量大，药害难免发生，不仅生产受损失，也给无公害生产造成了潜在威胁。

(6) 连作障害严重影响老棚室黄瓜生产　黄瓜是最早在日光温室和大棚里普遍栽培的作物，老的温室和大棚区，几乎都是从种植黄瓜起步的，有的已经连种了几十茬。由于受专业化种植规模效益的吸引，受生产者技术技能的限制，连作较为普遍，致使一些老的棚室病害日趋严重，产量逐年下降，最后不得不放弃生产。增施有机肥虽在一定程度上可以推迟和缓解连作障害，但并不能从根本解除连作障害的危害。

(7) 保护地缺乏有效的环境调控技术　黄瓜设施栽培必须在温、光、水、气、肥等方面，满足黄瓜各发育阶段的需求，才能最大限度地发挥出它的增产潜力。我国蔬菜栽培设施多起源于民间，其建造和管理多出自农民经验，具有较强的实用性，但也不可避免地带有局限性。由于缺乏系统的理论研究和探讨，在日光温室的设计、建造和管理上认识尚不一致，仍在各行其是。由于没有建立起与设施相适应的环境调控技术体系和必要的设备，使生产带有很大的主观性和盲目性，这是一些地方日光温室黄瓜产量不高、生产不稳、菜农信心不足的一个重要原因。

(8) 生产上存在尚有待解决的一些理论问题　目前一些高产温室的底肥施用量往往超出理论施用量的2～4倍，追肥特别是速效氮肥的施用量，几乎超出理论施肥量的更多倍，生产上给人们的错觉是施肥越多产量越高。正因为如此，即使明知超过量的施肥会导致土壤积盐诱发浓度障害，但是施肥的势头并没有就此得到遏制。又如，从理论上讲，当气温达到35℃时，黄瓜的光合生产量和呼吸消耗量就基本相当了，即植株体内基本没有光合产物的积累。但是生产上可以看到，在晴天白天气温较长时间处于42℃左右的情况下，一些黄瓜仍能正常地结瓜，而且甩瓜快，产量集中，且几乎没有霜霉病发生。诸如这样一些实践与理论不相符的问题，在生产上还很多。这是否能够说明，黄瓜可能在另外一个层面上还存在一个高产模式的架构。深信，随着一些理论问题研究的深入和解决，黄瓜产量将会得到进一步提高。

第四章

黄瓜育苗技术

1. 黄瓜育苗设施主要有哪几种类型？各有什么特点？

(1) 冷床 又称阳畦，是不用加温只防风保温设备。一般在背风向阳的地方建造，白天靠阳光升温，夜间靠塑料薄膜、覆盖物保温。阳畦北面架设风障。阳畦设备简单、成本低，主要用于春季地膜覆盖栽培和露地栽培育苗。

(2) 温床 常用的温床有两种，一是马粪酿热温床，它通过微生物的活动，将马粪及其他酿热物分解放热，从而提高苗床温度。此温床设备简单，成本低。二是电热温床，它是利用电热线通电后进行苗床加温。电热温床可实现苗床的温度控制，升温快，限制因素少。温床多用于早春小拱棚保护栽培。

(3) 温室 分为加温温室和日光温室两大类。加温温室靠炉火、地热等热源提高温室内温度，是性能最好的育苗设施，即使在冬季也能创造适宜的温度条件。但是其造价和育苗成本较高，生产上应用较少。日光温室是靠日光加温、塑料薄膜保温的温室。这种温室造价低、密闭性和保温性能好，在不加温的情况下，可用于早春塑料薄膜大棚、中棚等保护地栽培。

(4) 遮阴棚　一般在夏秋高温多雨季节为塑料薄膜大棚秋延迟茬以及日光温室秋冬茬黄瓜栽培育苗。通常在育苗畦上搭小拱棚，上覆苇帘或遮阳网遮阴降温，下雨时覆盖塑料薄膜防雨。

2. 黄瓜育苗主要有哪些护根措施?

(1) 营养土块　制作时，将配置好的营养土平铺在苗床内，厚度8～10厘米，稍压实后浇透水，将畦面抹平，再用长把刀等利器切成8～10平方厘米的方块，切缝中撒入少量细砂。每个营养土块的中央挖播种孔。

(2) 泥炭育苗营养块　采用低位草本泥炭为基本原料，配加多种功能助剂，采用特殊工艺制备成的专用于各类作物育苗的新型基质。用户使用时，只要对基体补水，即可膨胀回弹至疏松多孔状态，然后向预制的种穴里播种或分入小苗，种子和小苗在基体里萌发、成苗后带基质移栽进入定植田。容器规格为直径4.5～12厘米，高度3.6厘米。

(3) 塑料营养钵 目前我国生产的塑料钵多为圆形体，一般上口径6～10厘米，高8～12厘米，应根据秧苗种类和大小选用。一般塑料钵规格以上口径8～10厘米、高10～12厘米为宜。

(4) 穴盘 多由塑料制成，有40厘米×30厘米×5厘米、54厘米×27厘米×5厘米、60厘米×30厘米×5厘米、72厘米×210厘米×7厘米等规格，盘底设有排水孔，一般塑料穴盘的尺寸为54厘米×28厘米，一个穴盘可有50、72、128、200、288、400、512个育苗孔。有的育苗盘有纵横隔板，将育苗盘分成若干穴孔，穴孔有4厘米×4厘米×5.5厘米、3厘米×3厘米×4.5厘米等规格。育苗盘多用于工厂化育苗。一般黄瓜多采用50穴，有时采用72穴。

3. 黄瓜育苗的营养土如何进行配制和消毒处理？

由于黄瓜根系好氧性强，营养土要求疏松肥沃，保水保肥能力强。营养土主要由田园土和有机肥构成，田园土应采用多年没种过瓜类作物的无菌肥沃土壤，有机肥要求充分腐熟。园土和腐熟有机肥配制比可根据园土性质、有机肥种类确定，一般为4∶6。为保证幼苗生长所需养分，每立方米营养土再掺入300～500克尿素和1～2千克过磷酸钙或1～2千克多元复合肥。配好后的营养土用50%多菌灵可湿性粉剂800倍液消毒。

4. 黄瓜育苗播种前常用的种子处理方法有哪些?

(1) 温汤浸种 将种子浸入55℃热水中(两份开水兑一份凉水)并不断搅动,保持55℃水温15分钟之后,使水温自然降低,再继续浸种6~8个小时。这种方法能杀死种子表面的病菌,也可钝化病毒。

(2) 药剂消毒

① 50%的多菌灵可湿性粉剂500倍液浸种1小时或40%福尔马林100倍液,浸20~30分钟,可防治炭疽病和枯萎病。

② 2%~4%的漂白粉溶液浸泡半小时,可杀死种子表面的细菌。

③ 10%磷酸三钠或2%氢氧化钠浸15~20分钟,可钝化种子表面附着的病毒。

另外,还可用代森铵、高锰酸钾、1%硫酸铜等药液。药液浸种必须严格掌握浓度和浸种时间,种子浸入药水前,应先在清水中浸泡3~4小时。药液浸种后,用清水反复冲洗种子直至无药味。

(3) 变温处理 将萌动的种子放到0~2℃环境下处理12~18小时,再移到18~22℃环境下放置12~16小时。然后再转入低温下,再移到常温下,如此反复,直至出芽。

变温处理,会使植株体内产生一系列生理生化变化,使抗寒性明显提高,生育期提前,可提早成熟7~10天,早期产量提高20%~30%。

5. 黄瓜育苗在播种时应注意哪些问题?

播种选晴天上午进行。播种时先将苗床营养钵浇透水，待水渗下后点播，播后覆土约1.5厘米厚。播完用地膜覆盖，四周密封保墒。

6. 黄瓜育苗期如何进行管理?

培育壮苗的关键在于苗床的管理：苗床的温度、湿度和光照的控制与调节。

(1) 温度管理 黄瓜种子发芽和苗期生长的最适温度和高产栽培要求的温度不完全相同。下面从黄瓜高产栽培的角度介绍黄瓜育苗阶段所需的适宜温度。

第一阶段：从播种至开始出苗，应控制较高的床温，白天充分见光，夜间覆盖草苫，促进快出苗。白天保持28～30℃，夜间20℃，土温以18℃以上为宜。2天左右就开始出苗。此期间苗床温度最低12.7℃，最高40℃。当白天温度高于35℃时揭开苗床两头薄膜放风降温。

第二阶段：从出苗至第一片真叶显露（即破心），此期要及时降温，控制较低的温度，一般白天为20～22℃，夜间为12～15℃。避免温度偏高，尤其是夜间，如温度偏高将使胚轴发生徒长，成为“长脖苗”。

第三阶段：从破心至定植前7～10天，苗床温度可以适当提高，控制水分，增强光照。白天可保持在20～25℃，夜间在13～15℃，这样有利于雌花分化且降低雌花节位。

第四阶段：即定植前7～10天进行低温锻炼，以提高黄瓜秧苗的适应能力和成活率。一般白天为15～20℃，夜间为10～12℃。方法是揭膜通风。在晴天当床内温度高于35℃时，不要突然大通风，以防闪苗，应逐渐增大通风。如果出现闪苗，应及时喷水，盖上地膜。

由于不同季节外界环境条件的限制，黄瓜育苗不可能都达到最适温度，但应采取各种有效措施，使苗床温度不要超出黄瓜所能承受的极限温度。冬季育苗可以通过铺电热线、日光温室内加盖小拱棚等措施使苗床的夜温不低于10℃，短时间不低于8℃。在夏季，可采用盖遮阳网等方法，使苗床的最高气温控制在35℃以内，短时间不超过40℃。

(2) 光照管理 早熟栽培在低温、短日照、弱光时育苗，光照不足是培育壮苗的限制因素。为增加光照，要经常保持覆盖物的清洁，草苫早揭晚盖，日照时间控制在8小时左右。在温度满足需要的条件下，最好是在早晨8时左右揭开草苫，下午5时左右盖上草苫。阴天也要正常揭盖草苫，尽量增加光照的时间。如果连续阴雨天不揭开草苫，幼苗体内的养分只是消耗而没有光合产物的积累，会使幼苗发生黄化、徒长甚至死亡。

(3) 水分管理 黄瓜幼苗对水分反应敏感，育苗前期要严格控制浇水，在浇足地墒水的条件下，出苗前一般不浇水，如果土壤十分干燥，可以用喷壶淋水，保持一定湿度，以利于出苗。出苗到第一片真叶展开，严格控制水分。低温高湿容易诱发猝倒病或沤根。育苗中期，要适量浇水。育苗后期，要少浇水以控制秧苗生长，使叶子表面出现明显的白粉，增强健壮度。定植前 5～6 天应停止浇水，控制幼苗生长，提高幼苗的适应性。

(4) 摘帽、覆土、除草　“带壳”出土是黄瓜育苗常有的现象，尤其是无籽黄瓜。为防止“带壳”出土，芽子顶土时可再覆一次湿润的湿土。无籽黄瓜则宜用在催芽前破壳和多次覆土相结合的方法。幼苗时要及时除掉杂草以利于壮苗。

(5) 苗床施肥　在营养土肥力充裕的条件下，可以不施。如果发现幼苗叶色浅、长势不壮时，可以结合防病喷施 0.3%尿素、0.2%磷酸二氢钾作为叶面追肥。

7. 黄瓜壮苗标准是什么？

黄瓜壮苗一般秧苗直立，子叶完好、肥厚、有光泽；真叶 3～4 片，叶片大而厚，叶色深绿，心叶鲜绿；秧苗总高 15 厘米左右（嫁接苗要高些），茎粗 0.5 厘米以上，节间短；茎叶上有刺毛且较硬；根系发达，根须白色，多而粗壮；无病虫害，无损伤，大小均匀一致。壮苗一般抗逆性强，定植后发根快，缓苗快，生长旺盛，开花结果早，产量高。

8. 黄瓜育苗过程中如何判断秧苗生长正常与否？

(1) 发芽期　子叶展平时胚轴高 3 厘米左右，子叶平展，边缘稍上卷呈匙形，绿色，为壮苗。胚轴高 2 厘米左右，子叶下垂，边缘下卷呈反匙形，小且深绿，说明温度低。如果子叶边缘上卷且呈白色，说明降温过急。胚轴高3厘米以上，子叶大而扁平，淡绿色，说明夜温高，光照不足，为徒长表现。

(2) 秧苗生长期 黄瓜秧苗从真叶露心到成苗期，常因温度、光照及营养等条件不适而发生生育障害，并在形态上表现出来。突然受寒风侵袭闪苗或冻苗后，最初叶萎蔫，温度继续下降时呈水浸状，继而失绿，以后变为白斑或干尖，甚至全叶枯死。长时间温度偏低，子叶会逐渐变黄，继而脱落。地温低造成寒根现象时，叶子发黄，枯萎，但根无异常表现。若长期低温多湿则根系锈色、枯萎，叶片深绿且不舒展，部分叶片边缘或全部枯黄。夜温高、水分多时，茎的节间长，叶柄长，叶片大而薄，淡绿色，刺毛软。夜温低时，节间短，叶柄短，叶片发皱，叶面积小。长时间干旱缺水时子叶下垂，叶色深，叶面积小，严重时叶尖枯黄，茎矮，节间短，顶部叶子集中，聚成团状。水分过多时子叶薄，叶片大而薄，色淡，叶片上挺，刺毛软，早晨叶缘有吐水现象，近生长点的幼叶发黄。土壤盐分浓度过大易造成“烧根”，根系不舒展，严重时萎缩，地上部叶色浓绿，展叶很慢，节间短。秧苗体内氮素过多时，茎弯曲伸长，叶柄与茎的夹角大，节间短，伸长生长受到抑制，叶面积扩大稍受抑制。

(3) 成苗质量鉴定 通常壮苗的植株呈长方形，节间长度适中，叶面积大，叶缘缺刻少而浅。而徒长苗的植株呈倒三角形，节间长，叶面积大。老化苗的植株为正方形，节间短，叶面积小。

对于冬春保护地栽培，如果秧苗株高超过 17 厘米，茎粗小于 5 毫米，节间长，叶薄且色淡，刺毛软，无雌花，细根少，为徒长苗。若 4～5 片叶的秧苗株高不超过 13 厘米，茎粗 5 毫米以下，叶小且色深，节间很短，近生长点叶片抱合，雌花明显超过生长点，细根稀疏，为老化苗。徒长苗和老化苗在生产上尽量不用。

9. 黄瓜嫁接育苗在生产上有什么意义？

利用黑籽南瓜或南砧 1 号作砧木培育嫁接苗，在棚室黄瓜生产上具有特别重要的意义。一是能避免发生镰刀菌枯萎病等土传病害；二是嫁接的黄瓜植株生长势强，耐寒、耐热、抗病等抗逆性和适应性增强；三是嫁接的黄瓜高产性强，一般增产 30%。黄瓜嫁接育苗主要采用靠接法。靠接法也称舌接法，是将接穗与砧木苗在子叶下切口舌接而成，接好后去掉砧木顶芽，同栽于一营养钵内，各自利用根系吸收养分，待嫁接苗成活后切断接穗根系，即成为嫁接苗。

10. 黄瓜靠接育苗包括哪些具体操作步骤？

黄瓜靠接法嫁接育苗具体包含以下操作程序：苗床设置；种子处理；播种；嫁接；嫁接苗的栽植；嫁接后的苗床管理。

11. 黄瓜靠接育苗如何进行苗床设置？

嫁接黄瓜要设置3个苗床，即黄瓜播种苗床、南瓜播种苗床和栽植嫁接苗的苗床。黄瓜苗床和南瓜苗床都按东西向建成宽120厘米、高出地面7厘米的两个畦。黄瓜苗床最好建在棚室入口处，以利于通风炼苗。南瓜苗需高温，苗床宜建在棚室里边。嫁接苗栽植床按南北向建成宽120～200厘米、高出地面7厘米左右的畦。

12. 黄瓜嫁接育苗如何进行种子处理？

将黄瓜种子放入55℃的水中浸种。浸种时要不停地搅拌，一直搅拌到水温降至25℃，用手搓掉种子表面的黏液，再换上25℃的温水浸泡6小时。然后捞出种子置于干净的、用开水烫过的纱布中且外包一层地膜，放到25℃左右的环境中催芽1～2天，待70%的种子露白芽后即可播种。

南瓜的浸种方法与黄瓜基本相同，不同之处是南瓜浸种的时间要比黄瓜推迟5～6天。其浸种的水温可以提高到75℃左右，用水量一般为种子量的3倍，种子倒入热水中后一直搅拌到水温降至30℃时为止；搓掉种皮上的黏液，再换上25℃的温水浸泡10～12小时；催芽的温度为25～30℃，一般36小时即可露芽；也可不经催芽阶段，浸泡结束后直接播种。

13. 黄瓜嫁接育苗砧木和接穗为何要错期播种?

不同的嫁接方法要求的适宜苗龄不同。黄瓜出苗后生长速度慢，黑籽南瓜生长快，要使两种苗同一时间达到适宜嫁接的标准，就要错开播种期。采用靠接法嫁接时，黄瓜比南瓜早播2～5天，黄瓜播种后10～12天嫁接，这样可使两种苗子茎粗相似，易于嫁接，成活率高。插接法南瓜砧木比黄瓜早播2～5天，黄瓜播种后7～8天嫁接。

14. 黄瓜靠接育苗嫁接的最佳时期是什么时间?

接穗黄瓜苗播后10～12天，第一片真叶至半展，此时，砧木南瓜苗播种后7～8天，子叶完全展开，第一片真叶初露时为嫁接适期。嫁接过早，幼苗太小操作不方便；嫁接过晚，成活率低。砧穗幼苗下胚轴长度5～6厘米利于操作。

15. 黄瓜靠接如何进行具体操作?

靠接技术。嫁接时用竹签将两种苗子都取出，以南瓜苗作砧木，先将南瓜苗的顶心剔除（用竹签的尖端剔），用刮脸刀片从子叶节下方1厘米处，自上向下呈45°下刀，斜割的深度为茎粗的一半，最多不超过2/3，割后将茎轻轻握于左手。再取黄瓜苗从子叶节下部1.5厘米处，自下而上呈 45°下刀，向上斜割幼茎的一半深，然后将两种苗子对挂住切口，立即用嫁接夹夹上，随后栽入嫁接苗床（图 4-1）。

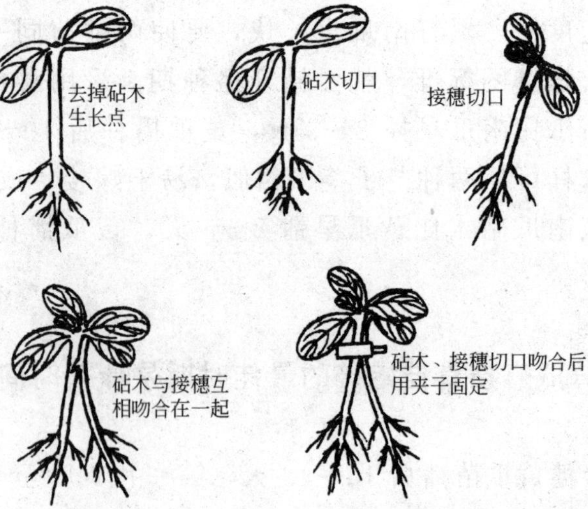

图 4-1　靠接法示意图

该方法简便易学，技术难度小，嫁接成活率高，但是，速度慢，效率低，适合于营养钵等育苗时使用。由于接穗根系需要保留并埋入土中，因此，不适合穴盘嫁接育苗。嫁接成活后需要断根，故费工，而且嫁接苗易生不定根和不定芽。

为了提高靠接的速度，可以采用如下方法：将砧木和接穗分别集中播种，达到嫁接要求时，把砧木和接穗的幼苗从土中起出，嫁接完后，再一起栽入营养钵等容器中。最好 3～4 人流水作业，起苗、嫁接、栽植一条龙，这样可以大大提高嫁接的效率。

16. 黄瓜插接法如何进行具体操作？

插接法又称顶插接，是黄瓜嫁接普遍采用的方法（图 4-2）。

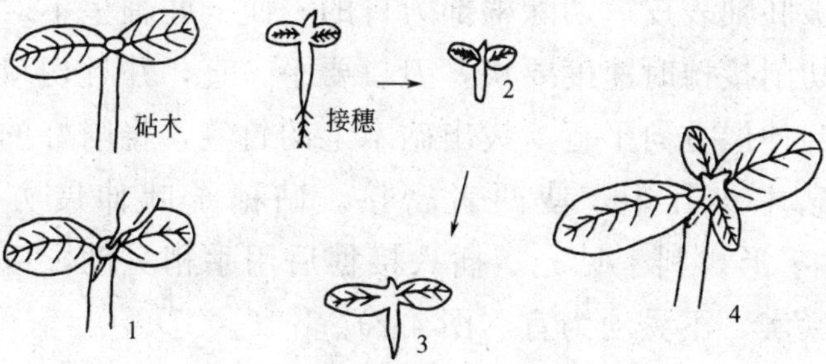

图 4-2　插接法示意图

① 嫁接适期。接穗子叶全展，砧木子叶展平、第一片真叶显露至初展为嫁接适宜时期。根据育苗季节与环境，南瓜砧木比黄瓜早播 2～5 天，黄瓜播种后 7～8 天嫁接。

② 插接技术。嫁接时首先喷湿接穗、砧木苗钵（盘）内基质，取出接穗苗，用水洗净根部放入白瓷盘，湿布覆盖保湿。砧木苗无需挖出，直接摆放在操作台上，用竹签剔除其真叶和生长点。去除真叶和生长点要求干净彻底，减少再次萌发，并注意不要损伤子叶。左手轻捏砧木苗子叶节，右手持一根宽度与接穗下胚轴粗细相近、前端削尖略扁的光滑竹签，紧贴砧木一片子叶基部内侧向另一片子叶下方斜插，深度 0.5～0.8 厘米，竹签尖端在子叶节下 0.3～0.5 厘米，但不要穿破胚轴表皮，以手指能感觉到

其尖端压力为度。插孔时要避开砧木胚轴的中心空腔，插入迅速准确，竹签暂不拔出。然后用左手拇指和无名指将接穗两片子叶合拢捏住，食指和中指夹住其根部，右手持刀片在子叶节以下 0.5 厘米处呈 30°向前斜切，切口长度 0.5～0.8 厘米，接着从背面再切一刀，角度小于前者，以划破胚轴表皮、切除根部为目的，使下胚轴呈不对称楔形。切削接穗时速度要快，刀口要平、直，并且切口方向与子叶伸展方向平行。拔出砧木上的竹签，将削好的接穗插入砧木小孔中，使两者密接。砧穗子叶伸展方向呈“十”字形，利于见光。插入接穗后用手稍晃动，以感觉比较紧实、不晃动为宜（图 4-2）。

插接时，用竹签剔除其真叶和生长点后亦可向下直插，接穗胚轴两侧削口可稍长。直插嫁接容易成活，但往往接穗易由髓腔向下，易生不定根，影响嫁接效果。

插接法砧木苗无需取出，减少嫁接苗栽植和嫁接夹使用等工序，也不用断茎去根，嫁接速度快，操作方便，省工省力；嫁接部位紧靠子叶节，细胞分裂旺盛，维管束集中，愈合速度快，接口牢固，砧穗不易脱裂折断，成活率高；接口位置高，不易再度污染和感染，防病效果好。但插接对嫁接操作熟练程度、嫁接苗龄、成活期管理水平要求严格，技术不熟练时嫁接成活率低，后期生长不良。

插接时要注意以下几点：a. 苗子起出后要用清水冲掉根系上的泥土；b. 嫁接速度要快，切口要镶嵌准；c. 嫁接好的苗子要立即进行栽植，刀口处一定不能沾上泥土，并要把黄瓜茎的一边朝向北边；d. 边栽植边盖上小拱棚塑料膜和覆盖遮阴物，以及时保温保湿和遮阴。

17. 黄瓜双根嫁接法如何进行具体操作？

① 接穗苗及砧木苗的培育。播种黄瓜种子；当黄瓜苗出齐后，播种黑籽南瓜种子；然后再播种白籽南瓜种子。

② 接穗与黑籽砧木的嫁接。当黑籽砧木的子叶展平时，进行嫁接。首先将黑籽砧木取出，切去生长点，然后在下胚轴离子叶 1 厘米处，用刀片自上而下斜切 0.7 厘米长的切口，切口与下胚轴呈 30°；再将黄瓜苗取出，在下胚轴离子叶 2 厘米处，用刀片自下而上斜切一舌形楔，舌形楔与黑籽砧木切口相配合；把黄瓜接穗的舌形楔插入砧木的切口中，将两株幼苗切口嵌合连接在一起，使黄瓜的子叶位于砧木子叶的上面，并用嫁接夹固定。

③ 接穗与白籽砧木的嫁接。将白籽砧木取出，切去生长点；然后在下胚轴离子叶 1.5 厘米处，用刀片自上而下斜切 0.7 厘米长的切口，切口与下胚轴呈 30°；再取出与黑籽砧木嫁接过一次的接穗，在没有砧木的一侧，接穗下胚轴离子叶 2 厘米处，用刀片自下而上斜切一舌形楔，接穗的根全部切掉，形成的楔形与白籽砧木切口相配合；将舌形楔插入白籽砧木的切口中，并用嫁接夹固定，将植株栽入事先准备好的育苗钵中。

18. 黄瓜靠接嫁接苗如何栽植？

用小木棍或小铁铲在育嫁接苗的苗床，按东西方向 10

厘米行距划出5厘米深的沟，浇透水。水渗到2/3时，按株距10厘米将嫁接苗的两条根轻轻按入泥土中，用土把沟填平。边栽植，边盖拱棚，在棚顶部放草帘子遮阴。

19. 黄瓜嫁接后的苗床需要进行哪些管理？

(1) 接口愈合期的管理

① 温度管理。适于黄瓜接口愈合的温度为25℃。如果温度过低，接口愈合慢，影响成活率；如果温度过高，则易导致嫁接苗失水萎蔫。因此嫁接后一定要控制好秧苗温度。一般嫁接后3～5天内的温度为白天24～26℃，不超过27℃；夜间18～20℃，不低于15℃。3～5天以后开始通风降温，白天可降至22～24℃，夜间可降至12～15℃。早春低温期嫁接，应采取增温保温措施；夏季高温期嫁接，则应采取降温措施。特别是嫁接后3～4天内，温度应控制在适宜范围内。一般嫁接后8～10天，幼苗成活后，恢复常规育苗的温度管理。

② 湿度管理。嫁接苗床的空气湿度较低，接穗易失水萎蔫，会严重影响嫁接苗的成活率。因此，嫁接后3～5天内，苗床的湿度应控制在85%～95%。采取的措施是嫁接后立即向苗钵内浇水，并移入充分浇水的小拱棚内，严格密封。注意冬天浇温水，夏天浇凉水，并向拱棚内喷雾，使棚内空气湿度接近饱和状态，以后每天向棚内喷雾2～3次。5天后应逐渐通风放湿。

③ 光照管理。为了防止高温和保持苗床湿度，一般前3天要遮住全部阳光，遮阳的方法是在小拱棚的外面覆

盖稀疏的草帘，避免阳光直接照射秧苗而引起秧苗凋萎，在夜间还起保温作用。但要保持小拱棚内有散射光，利用清晨太阳出来前或傍晚太阳下山后的一段时间，揭去覆盖物，让苗接受弱光，避免南瓜砧木因光饥饿而黄化，继而引起病害的发生；3 天后，早晚除去遮阴物，让嫁接苗接受弱光照射约 1 小时，以后逐渐延长光照时间，7 天后只在中午强光下短时遮阴。待接穗第 1 片真叶全部长出，可彻底揭去遮阴物，对嫁接苗进行常规光照管理。

④ 通风。嫁接 3～5 天后，嫁接苗开始生长时，可开始通风。初通风时通风量要小，以后逐渐增大通风量，通风的时间也随之逐渐延长，一般 9～10 天后可进行大通风。若发现秧苗萎蔫，应及时遮阴喷水，停止通风，避免通风过急或时间过长造成损失。

(2) 接口愈合后的管理 此阶段是培育壮苗的关键时期，苗床的管理与常规育苗基本相同。但要注意以下环节：

① 分级管理。蔬菜嫁接苗在适宜的温度、湿度、光照条件下，一般经过 7～12 天接口完全愈合，嫁接苗开始生长。但由于嫁接时砧木的粗细、大小以及接穗大小不一致，成活后秧苗质量有一定的差别，需进行分级管理，使秧苗生长一致，提高好苗率。

② 断根。采用靠接法、大苗带根顶插法嫁接，嫁接苗成活后，需对接穗及时断根，使其完全依靠砧木生长。一般在嫁接后 10～12 天断根。用刀片割断黄瓜根部上的幼茎，并随即拔出黄瓜根。断根后应适当遮光和提高温度、湿度，促进伤口愈合，防止接穗萎蔫。断根 5 天左

右，黄瓜接穗长到4～5片真叶时，可以定植。

③ 去除固定物。多数嫁接方法需要固定物固定接口，嫁接苗成活后，接口固定物应及时解除。但解除太早，易使嫁接苗特别是靠接法的嫁接苗在定植时因搬动从接口处折断；解除太晚，固定物的存在会影响根茎的生长发育，所以应根据具体情况适时取出固定物。插接的一般成活后一周去固定物，靠接的可适当推迟，甚至定植后再去除，但应以不影响幼苗生长为前提，否则应及早去除。

④ 除萌及时除去不定芽。这项工作约在嫁接5～7天后进行，除萌时不要切断砧木的子叶。

⑤ 低温锻炼。嫁接苗成活后管理同常规育苗，定植前7～10天也要进行低温锻炼，逐渐增加通风，降低苗床温度，以提高嫁接苗的抗逆性，使其定植后易成活。

20. 黄瓜电热温床育苗有哪些优势？

电热温床育苗一般比普通苗床培育的秧苗生长快，生活力强，为培育壮苗奠定了基础，但成苗的中后期应保证秧苗有适当的营养面积，并有充足的矿质营养供给，否则前期菜苗质量再好，后期管理跟不上，也难育出高质量的壮苗。电热温床的育苗天数少，播期应相应地向后推迟，否则既造成电力的浪费，后期幼苗也难以管理。

21. 黄瓜电热温床育苗需要的设备有哪些？

电热温床育苗需要的设备主要是电加温线和控温仪。

(1) 电加温线　目前市场出售的电加温线的工作电压多为 220 伏，型号及主要参数见表 4-1。

表 4-1　常见电加温线的型号及参数

<table>
<tr><th>种类</th><th>生产厂家</th><th>型号</th><th>功率/瓦</th><th>长度/米</th></tr>
<tr><td rowspan="10">土壤电加温线</td><td>营口市农业机械化研究所</td><td>DR208</td><td>800</td><td>100</td></tr>
<tr><td rowspan="5">上海市农业机械研究所</td><td>DV20406</td><td>400</td><td>60</td></tr>
<tr><td>DV20410</td><td>400</td><td>100</td></tr>
<tr><td>DV20608</td><td>600</td><td>80</td></tr>
<tr><td>DV20810</td><td>800</td><td>100</td></tr>
<tr><td>DV21012</td><td>1000</td><td>120</td></tr>
<tr><td rowspan="3">浙江省鄞县大嵩地热线厂</td><td>DP22530</td><td>250</td><td>30</td></tr>
<tr><td>DP20810</td><td>800</td><td>100</td></tr>
<tr><td>DP21012</td><td>1000</td><td>120</td></tr>
<tr><td colspan="4"></td></tr>
<tr><td rowspan="2">空气加热线</td><td>上海市农业机械研究所</td><td>KDV</td><td>1000</td><td>60</td></tr>
<tr><td>浙江省鄞县大嵩地热线厂</td><td>F421022</td><td>1000</td><td>22</td></tr>
</table>

(2) 控温仪　控温仪是电热温床用以自动控制温度的仪器，它能自动控制电源的通断，以达到控制温度的目的。目前生产控温仪的厂家及控温仪的型号见表 4-2。

表 4-2　控温仪的型号及参数

型号	控温范围/℃	负载电流/安培	负载功率/千瓦	供电形式
BKW-5	10～50	5×2	2	单相
BKW	10～50	40×3	26	三相四线制
KWD	10～50	10	2	单相
WKQ-1	10～50	5×2	2	单相
WKQ-2	10～40	40×3	26	三相四线制
WK-1	0～50	5	1	单相

续表

型号	控温范围/℃	负载电流/安培	负载功率/千瓦	供电形式
WK-2	0～50	5×2	2	单相
WK-10	0～50	15×3	10	三相四线制

一般电热线和控温仪均有专门生产的厂家。上海市农业机械研究所生产的电热线和 WKQ-1 型控温仪，目前应用较多。

22. 黄瓜电热温床铺设应注意哪些要点？

(1) 床基的制作 电热温床的场地选择对电能的利用影响很大，为节约电能，电热温床的床基应设在有保护设施的场地，如日光温室、阳畦等。在日光温室中制作电热温床，床基也应设在日光温室的中后部温光条件较好的位置。

选好床基位置后，根据苗床面积，将畦中表土挖出 18 厘米，堆放在畦外一侧，整平床底，然后铺 5 厘米厚的隔热材料（锯末等），隔热材料上盖一层塑料薄膜，塑料薄膜上压 3 厘米厚的床土，用脚踩一遍，搂平，待铺电加温线。

(2) 电加温线的布线

① 功率密度的选定。电热温床的功率密度是指每平方米铺设电加温线的功率，用瓦/米^2 表示。功率密度越大，则苗床温度升温越快。功率密度太大，升温虽快，但会增加设备成本及缩短控温仪的寿命；功率密度太小，又达不到育苗所要求的温度。适宜的功率密度与设定地温和

基础地温有关，设定地温为育苗所要求的人为设定的温度，一般指在不设隔热层条件下通电 8～10 小时所达到的温度。基础地温为在铺设电热温床未加温时的 5 厘米土层的地温。电热温床适宜的功率密度可参见表 4-3，如设有隔热层，其适宜功率密度可降低 15%。

表 4-3 电热温床适宜的功率密度 单位：瓦/米^2

设定地温/℃	基础地温/℃			
	9～11	12～14	15～16	17～18
18～19	110	95	80	—
20～21	120	105	90	80
22～23	130	115	100	90
24～25	140	125	110	100

注：引自葛晓光，1995。

② 所需电加温线根数的计算。根据单根电加温线的功率、苗床功率密度及苗床面积可计算出所需电加温线的根数。

电加温线根数＝功率密度×苗床长×苗床宽÷单根电加温线功率

③ 计算布线道数和间距。根据每根电加温线的长度和苗床的长、宽，求电加温线要在苗床上往返道数。用床宽和电加温线往返道数求布线间距。

电加温线往返道数＝(电加温线长－床宽×2)÷(床长－0.2)

布线平均间距＝床宽÷(电加温线道数＋1)

④ 布线。在实际布线时，为方便接线要使 2 个线头落在苗床的一角，即布线道数应为偶数，当布线道数为单数时，可适当调整苗床的长度，使其变成偶数。苗床

的边缘散热快，为使苗床温度一致，两边线距适当缩小，中间线距适当拉大。根据计算好的布线间距，在苗床两端用10～15厘米长的竹棍固定电加温线。把电热线来回绕在竹棍上，使之紧贴地面并拉直。注意电热线不要弯曲、打卷或使邻近的两根线靠在一起，也不能在同一根木棍上反复缠绕，以免局部温度过高，烧坏绝缘层，造成漏电。电加温线两端的导线部分从床内伸出来，以备和电源及控温仪等连接。布线完成后，覆盖上培养土，把电热线与导线的接头处也埋好。若所用电加温线超过两根以上时，各条电加温线都必须并联使用而不能串联。布线方法见图 4-3。

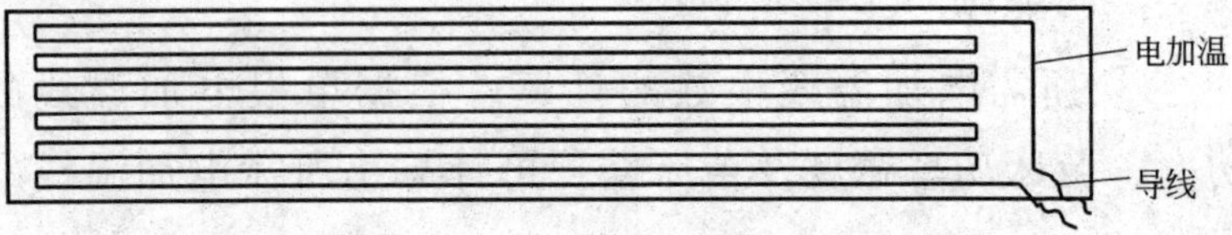

图 4-3　电热温床布线方法示意图

(3) 覆盖床土　电加温线在苗床上布置好，用万用表或其他的方法检查电加温线畅通无问题后，便可覆土，一般覆盖营养土 10 厘米。若用营养钵或育苗盘育苗，则在电加温线上先覆盖 2 厘米的土，用脚踏实，把营养钵或育苗盘摆上即可（见图 4-4）。

(4) 控温装置的安装　苗床面积在 20 平方米以下，总功率不超过 2000 瓦的只安装一个控温仪即可，如果苗床面积大，总功率较大时，就应配备相应的交流接触器。具体连接线路可参照图 4-5、图 4-6。

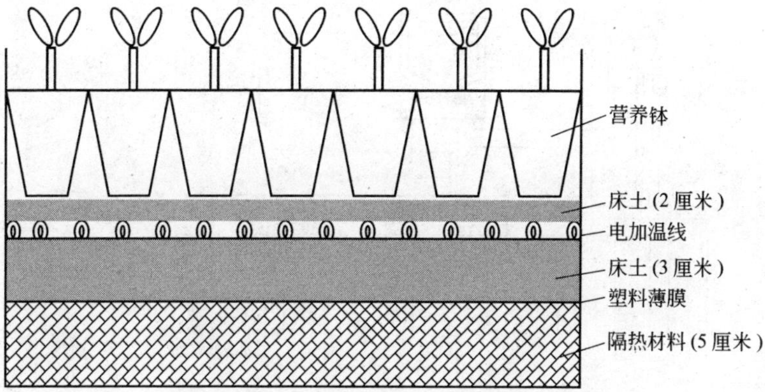

图 4-4　电热温床结构纵断面示意图

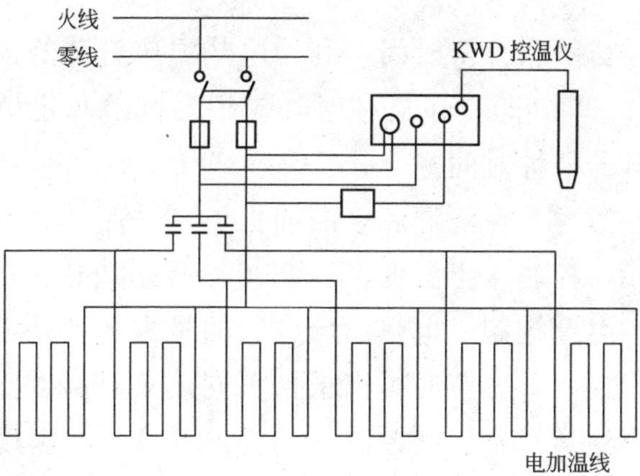

图 4-5　电热温床单相控温仪线路连接法（葛晓光，2004）

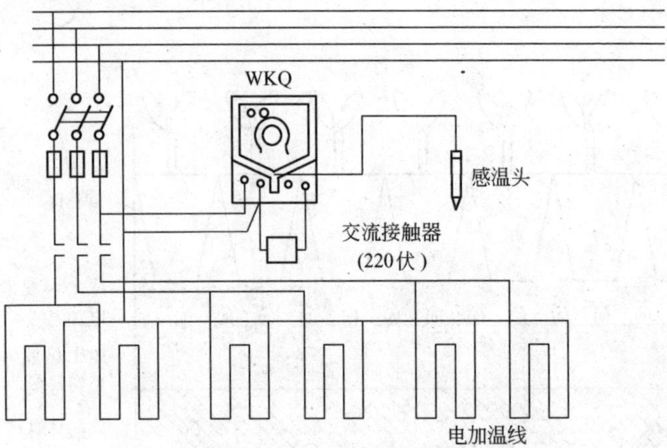

图 4-6 电热温床三线四相控温仪线路连接法（葛晓光，2004）

23. 黄瓜电热温床育苗技术要点有哪些？

(1) 苗龄和育苗时间 利用电热温床育苗的苗龄，黄瓜是 30 天（4 叶）。在播种时，应根据苗龄和定植时间来确定适宜的播种时间。

(2) 播种 在浇透底水的前提下，播催过芽的种子后覆土盖膜，控制床土温度 24～25℃，促进快速出苗。

(3) 温度控制 电热温床育苗的最大优点是苗床温度可以人为控制，育苗时可以根据不同蔬菜对温度要求进行调控。但注意经常检查控温仪的控温精度。在温度控制上掌握“两高、两低、一锻炼”的原则。“两高”是指在播种后出苗前、分苗后缓苗前的时期，控制适宜温度的高限。“两低”是指在出苗后、分苗缓苗后的时期，控制适宜温度的低限，防止徒长。“一锻炼”是指在定植前 7 天左右，逐渐降低温度到定植田的水平，提高秧苗的抗寒性，能够缩短定植后的缓苗期。

(4) 肥水管理　电热温床秧苗生长速度快，短时间内需要的养分多，制作营养土时应适当增加施肥量。育苗期间一般不进行追肥。电热温床苗床温度高，水分蒸发快，易干，注意及时补水。补水原则掌握控制浇水次数，每次都要浇透。切忌小水勤浇。营养钵育苗的情况下，个别缺水个别补，尤其是注意苗床四周的营养钵。

(5) 防止高温　由于电热温床对温度的控制只能升温，不能降温，很容易出现高温危害。应随时用温度计检测苗床温度，校验控温仪的精度。避免出现高温烤苗。

24. 黄瓜泥炭营养块育苗有什么优势?

泥炭营养块是根据蔬菜苗期养分需求规律，以泥炭为主要原料，辅以缓释配方肥，采用先进工艺压制而成，集基质、营养、调酸、控病、容器于一体，简化了育苗程序，提高了秧苗质量。该技术适应于一家一户育苗和小规模商品化育苗。

25. 黄瓜泥炭营养块育苗的方法步骤是什么?

(1) 设施选择　根据季节不同选用温室、塑料大棚等育苗设施，夏秋季露地育苗应配有防虫、遮阳、防雨水设施。冬春育苗应配有防寒保温设施。

(2) 建床铺膜　在设施内选择温光条件好、水源方便的地块建床育苗。一般苗床宽度在1.3～1.5米左右，深8～10厘米，以便于操作，长度根据地块而定，苗床要夯实，地面要平整。苗床下铺地膜，地膜要延伸到垄边，防止水分渗漏和根系下扎，最重要的是防止土传病害侵染。

(3) 种子处理 播种前将种子在阳光下曝晒4～5小时，精选后投入50～55℃的温水中，不停搅拌，待水温降至30℃时停止搅拌，浸泡3～4小时，捞出沥干水分，晾30分钟，再用洁净湿布包好，置于28～30℃下催芽，经1～2天可出芽。

(4) 摆块胀块 选择圈形大孔40～50克的基质块整齐摆放在苗床上，按间距2厘米摆放营养块。摆完后先喷一次小水，使营养块表面浸湿，再从苗床边缘用小水流缓慢灌水到淹没块体；水吸干后再浇一次，直到营养块完全疏松膨胀（用细铁丝扎无硬芯），胀好后保持地膜上无积水，放置4～8小时后进行播种，注意在疏松过程中不能移动和按压营养块。

(5) 播种出苗 先把种子横放在种穴底部，上覆1厘米左右无菌细土，并适度按压，播完后盖一层白地膜，以利于保水保温，然后在苗床外搭建一小拱棚，用塑料薄膜覆盖，开口处用防虫网遮盖，等种子破土50%以上时揭去上层薄膜，气温高时要通风换气，注意补水。

(6) 幼苗期管理 揭膜后营养块可稍干，但不能缺水，要少量补水。浇水应在早晨棚温上升前进行，用小水流从苗床底缓慢灌水（溜缝），使水分自下而上渗入块体。地温不应低于15℃，棚温采取变温管理，防止徒长。注意灾害性天气管理，灵活进行光照、温度、水分控制，避免阳光突然曝晒与温度骤升骤降，防止苗床过干过湿。正常情况下营养块育苗不易感染猝倒病等苗期病害，故不需要药物防治，以免烧苗。

(7) 成苗期管理　幼苗真叶完全展开后，生长加快，要注意浇水、通气、增强光照。浇水方法同幼苗管理，原则是见干见湿，适当发挥以水控苗的作用。根据生长情况，及时倒苗和排稀，把长势一致的种苗调整到一起，统一管理，以利于培养均衡壮苗；注意要适时放风，后半夜温度不能过高，注意水分不能控制过严，否则易出现老化苗。黄瓜应在第一片真叶初露时进行倒苗。

(8) 炼苗定植　定植前适时降温，停水炼苗。定植时带块移栽，营养块不要露出地面，上覆细土 1～2 厘米。定植后要浇透水，促进根系下扎，正常管理无缓苗期。营养块可缩短育苗期，应适当提前定植，提倡小苗定植。若不能按期定植应采取措施防止出现根系老化和脱肥现象。

(9) 带块定植　由于营养块营养面积较小，定植时间要比营养钵适当提前，只要根系布满营养块，白尖嫩根稍外露，就要及时定植，以防止根系老化。定植时带基质移栽，定植后的管理同普通营养钵育苗。定植时冬春季节在晴天上午、夏季在傍晚带基质移栽于定植沟内，块体不要露出地面，上面至少盖土 1～2 厘米。定植后一定要浇一次透水，利于根系下扎。

26. 黄瓜泥炭营养块育苗注意事项有哪些？

第一，定植时应把营养块全部埋在土中，上面至少盖土 2～3 厘米，定植后应浇透水。第二，老龄棚地等病害较多的土壤应在定植穴内适当加入杀菌剂，以防止病菌侵染。第三，达到苗龄应及时定植，若不能按期定植，应采取措施防止出现根系老化和脱肥现象。

27. 微型黄瓜侧枝扦插繁殖具有哪些优点?

微型黄瓜又名水果黄瓜、小黄瓜，是近几年来迅速发展起来的一种新兴蔬菜。它的经济效益是普通大黄瓜的 2～3 倍，甚至更多。但是其种子昂贵（一般一粒种子 0.5～0.6 元），育苗不小心便会造成较大损失。生产中可以利用侧枝育苗法，以提高种子的利用率，从而降低种子的成本。这样，种子效益增加 1 倍多，取得了良好效果。

28. 微型黄瓜侧枝扦插繁殖有哪些基本步骤?

(1) 选取侧枝 从健壮无病的植株上取侧枝，侧枝长 10 厘米，具 2～3 个节。侧枝要用锋利的刀片切取，而不要用钝剪或手掰，保持切口整齐，防止侧枝表皮造成较大伤口而不易愈合。

(2) 苗床准备 苗床每 100 平方米均匀施入腐熟有机肥 500 千克，加过磷酸钙 20 千克，细致耕翻，深度 20 厘米左右，后用 100 倍的福尔马林液喷洒床土，用塑料膜覆盖闷 2～3 天进行消毒。最后再耙细整平做畦。

(3) 侧枝扦插 把切取侧枝展开的叶片全部去掉，只剩下生长点处的小叶片，在阴凉背风处放 2 个小时，以利于伤口自然愈合。而后用 1500 毫克/千克萘乙酸溶液快速浅蘸侧枝基部再扦插。

因黄瓜侧枝非常柔软，不能直接插入苗床，应用小铲间隔 10 厘米开小沟（小沟深 4～5 厘米），在沟中间隔 10 厘米摆上黄瓜侧枝，再用土培好。注意侧枝不能埋得太深，太深了侧枝易烂，太浅了根系太小不易成活。

(4) 扦插后的管理　扦插后加强管理，做好以下 4 项工作：

① 插好后立即浇透水，扣上小拱棚，并进行遮阴，避免强光直射，使小拱棚内光照强度为自然光照的 30%左右即可。光太强了则易失水，完全遮光则地上部分不能进行光合作用、生根困难。

② 为保证侧枝不脱水，小拱棚温室内要保持 90%以上的湿度，要经常喷水，保证湿度。

③ 温室内温度保持 20～30℃，最好保持在 25℃左右，以利于发根。

④ 在上述条件下，一般 2 周左右即可生根，之后逐渐减少遮阴，5 天后接受正常光照。一般成活率可达 80%以上。当长至 1 片真叶展开、根系发育良好时，便可取苗移栽。

扦插黄瓜苗由于没有主根，只有侧根、根层较浅，所以栽培管理上要比种子苗更要注意勤追肥浇水，需少量多次进行。扦插苗在生长前期的 5 节以下的幼瓜要及早摘除，以促进植株健壮，为以后丰产打下基础。

29. 黄瓜穴盘育苗在准备阶段有哪些关键技术？

目前我国各地穴盘育苗，一般以采用高效、节能的改良无立柱日光温室为宜。若以夏季育苗为主可建设经济型薄膜连栋温室。

(1) 穴盘的选择 目前生产中使用的穴盘，外形大小多为54.9厘米×27.8厘米，黄瓜育苗常用穴盘为50孔、72孔两个规格。黄瓜嫁接育苗用50孔盘较为适宜。

(2) 育苗基质的选择 育苗基质的选择是穴盘育苗成功与否的关键因素之一，目前用于穴盘育苗的基质材料，主要是草炭、蛭石和珍珠岩。采用的基质为草炭、珍珠岩、蛭石以3∶1∶1的比例配制，冬季可以用2∶1∶1的比例，或草炭∶蛭石3∶1。配制基质时每立方米加入优质15-15-15氮、磷、钾三元复合肥1.0～1.2千克，肥料用水完全溶解后与基质混合均匀。草炭可选用进口的丹麦（品氏）泥炭、德国克拉斯曼等品牌，另外国产的可选用熊猫、华美等品牌，对不熟悉的草炭品牌在规模使用前须做试验。进口基质已经过消毒处理，可以直接使用。国产基质消毒方法为每立方米基质加200克百菌清，或采用800倍的甲基硫菌灵（甲基托布津）溶液，每立方米喷雾45～60千克。

(3) 催芽室的准备 催芽室是为了促进种子萌发出土的设备，是工厂化育苗必不可少的设备之一。催芽室可用于大量种子浸种后催芽，也可将播种后的苗盘放进催芽室，待种子60%拱土时移出。

建造催芽室应考虑以下几个问题：

① 育苗规模要与催芽室相匹配；

② 催芽室与育苗温室的距离要尽可能地近些；

③ 催芽时要有较好的保温性，在寒冷季节，白天能维持 30～35℃，夜间不低于 20℃；

④ 催芽室内应设置育苗架盘，播种后可以错开摆放在架子上，节省能源和使用面积；

⑤ 催芽室内应配备水源，播种后当催芽室内空气湿度不足时，可以向穴盘和地面上喷水，以保持较高的空气湿度。

（4）育苗床架的准备 育苗床架的设置，一是为育苗作业者操作方便，二是可以提高育苗盘的温度，三是可防止幼苗的根扎入地下，有利于根坨的形成。冬天床架可以稍高些，夏天可以稍矮些。育苗床架有移动式、拆装式和固定式，要因地制宜，实用、省钱、方便、利于育苗。

（5）肥水供给 系统喷水喷肥设备是工厂化育苗的必要设备之一，喷水喷肥设备的应用可以减少劳动强度，提高劳动效率，操作方便。较为实用的是使用水泵接上软管喷头进行水分供给，需要喷肥时在水池中配好所需肥料的浓度，或使用自动吸肥器，进行养分供给。浓度为 1000 千克水兑 500～600 克肥料（视基质情况选择复合肥 N-P-K 19-19-19 或 20-10-20）。

（6）种子处理 首先应选择质优、纯度高、洁净无杂质、籽粒饱满、高活力、高发芽率的种子，为了使种子萌发整齐一致，播种之前应进行温汤浸种。将种子放入 50～60℃温水中，顺时针搅拌种子 20～30 分钟，待水温降至室温时停止搅拌，然后在水中浸泡一段时间（一般南瓜种子浸种12～24小时左右，黄瓜种子浸种5～8小时左右），漂去瘪子，用清水冲洗干净后滤去水分备用。

30. 黄瓜穴盘育苗在播种育苗阶段有哪些关键技术？

(1) 装盘压穴 装盘前调节基质含水量至60%，即用手握有水印而不形成水滴，堆置2～3小时使充分吸水。将预湿好的基质装入穴盘，用刮板刮平穴盘表面基质，使每个穴孔都装满基质，装盘后每个格室应清晰可见。将装满基质的穴盘按2个1排摆放在苗床上，用自动喷水器或喷壶浇透水，根据穴盘的规格制作压穴“木钉板”，木钉圆柱形，直径1厘米，高度0.6厘米，用木钉板在穴盘表面压穴，穴深0.5厘米，以便播种。

(2) 播种 播种前用55～60℃温水浸种，浸种过程要不断搅动，当水温降到25～30℃时停止搅拌，继续浸10～12小时后取出种子搓去种皮上黏液，用清水冲洗2～3遍，即可用湿布包好，在28℃左右条件下催芽。24～36小时后当种子上的胚根伸出3毫米以上时准备播种。播种深度以1.5厘米为宜，种子应平放在穴盘内，以免“戴帽”出土。播种后覆盖蛭石，然后喷透水。

(3) 催芽 从播种之后至齐苗阶段重点是温度管理，白天25～28℃，夜间15～18℃为宜，这一期间温度过高易造成小苗徒长，过低时子叶下垂、朽根或出现猝倒，特别注意阴天时温度管理不要出现昼低夜高逆温差。

(4) 苗期管理 齐苗后降低温度，白天20～25℃，夜间可保持10～15℃左右，以使幼苗健壮、雌花多。苗期子叶展开至2叶1心，水分含量为最大持水量的75%～80%，苗期2叶1心后，结合喷水进行1～2次叶面喷肥，3叶1心至商品苗销售，水分含量为75%左右。定植前进行低温锻炼，白天15～20℃，夜间可保持6～8℃，最低可维持5℃左右，增加抗寒性。苗期主要病害是白粉病，发病初期喷洒20%粉锈宁乳油2000倍液或农大120水剂200倍液。

(5) 起苗运输 基质苗根系发达，可盘结成紧实的根坨，起苗时可连同基质一同取出，为了便于起苗，在起苗前一天适量浇水，便于起苗。

31. 黄瓜遮阴育苗有哪些关键技术？

夏季及初秋高温季节黄瓜育苗，为避免高温以及我国南方地区防风、防雨，均宜采用遮阴育苗方式育苗。因地制宜，因陋就简，选用适当的遮阴降温方式。

(1) 选用适宜的遮阴降温材料 既应考虑遮阴降温的效果好，还应保证利于黄瓜幼苗生长的适当的光照条件。遮阳网是一种高强度、轻质、耐老化的网状农用覆盖材料，其性能既可以遮光降温，又允许大部分光线通过，利于幼苗的正常生长，是一种理想的遮阴覆盖材料。目前江苏、浙江、广东、安徽、湖南等省都有生产。江苏武进塑料二厂，在国内较早开发出这一产品，有黑色和银灰色不同规格的产品，各种产品的遮光率不一，可根据实际需要选用（表4-4）。

表 4-4 不同规格农用遮阳网的主要性能

型号	遮光率/%		机械强度(50 毫米宽度的拉伸强度)/牛	
	黑色网	银灰色网	经向	纬向
SZW-8	20～30	20～25	≥250	≥250
SZW-10	25～45	25～40	≥250	≥300
SZW-12	35～55	35～45	≥250	≥350
SZW-14	45～65	40～55	≥250	≥450
SZW-16	55～75	50～70	≥250	≥500

(2) 科学管理 遮阴育苗主要用于高温季节的遮阳降温，因此要严格掌握使用季节，同时要做好揭盖工作，尽可能使幼苗多见光，以防幼苗细弱徒长。一般晚揭早盖，尤其中午要及时覆盖。还应注意肥水管理，并注意适当固定，以防风吹。

第五章

黄瓜安全优质高产栽培技术

1. 黄瓜周年生产栽培方式及茬口如何进行合理安排？

黄瓜栽培方式及茬口安排见表 5-1。

表 5-1　黄瓜栽培方式及茬口安排

栽培方式	生产设施	栽培茬次	生育期
设施栽培	日光温室、加温温室及大型现代化温室等	秋冬茬	秋季播种或定植，直到深冬结束生产
		冬春茬	冬季播种定植，直到翌年夏季结束生产
		越冬一大茬	冬季或初冬定植，直到第二年夏季结束
		春到冬一大茬	早春定植，越夏连秋直到冬季结束生产
	塑料大、中、小棚栽培	秋延迟	夏播秋栽，入冬后结束生产
		春提早	冬播春季定植，入夏后结束生产
		遮阴越夏栽培	夏季播种或定植，越夏生产，秋末结束
	地膜简易覆盖	春早熟	早春育苗，晚霜前后定植，夏季结束

续表

栽培方式	生产设施	栽培茬次	生育期
露地栽培		春茬	早春育苗，晚霜后定植，夏或秋季结束
		春夏茬	春季播种或定植，夏季收获后结束
		夏茬	晚霜后或初夏播种的一茬
		夏秋茬	夏季定植秋季收获为主的一茬
		秋种冬收	华南地区秋季播种，冬季收获
		冬种春收	华南地区冬季播种定植，第二年春季收获的一茬
		越冬茬	华南区冬季播种或定植，冬季或早春收获

2. 黄瓜高效栽培茬次安排应重点考虑哪些因素？

黄瓜栽培的季节和茬次，通常是由市场需求、地域气候或设施温度条件、黄瓜对环境条件的要求、黄瓜生育期长短、生产者对上市时间和产值目标的追求等方面的因素决定的。

日光温室黄瓜生产，一是要把盛瓜期安排在春节、元旦、国庆节、五一节等，争取人无我有、人有我多、人多我优，日光温室、拱棚、露地各生产茬口的盛瓜期要错开。二是要考虑把盛瓜期安排在气候最适宜的季节，以取得高产高效益，减小管理难度和生产损失。节能型日光温室若进行一年两茬制生产，即冬春茬和秋冬茬，可以充分利用3～6月和9～11月的光热资源，获得高产高效益。

三是要考虑提高园艺设施的利用率。日光温室投资高，存在夏闲问题，塑料大、中棚也有冬闲问题，可以通过间作、套作种植，解决夏闲和冬闲问题。

3. 我国各大主要蔬菜产区如何安排黄瓜栽培茬次和生育期？

现把我国各大主要蔬菜产区不同栽培方式的栽培茬次和生育期安排分述如下：

（1）东北、内蒙古、新疆和青藏蔬菜单主作区　本区包括黑龙江、吉林、辽宁北部、内蒙古、新疆、甘肃、陕西北部、青海和西藏等。这里冬季寒冷，无霜期短，喜温果菜露地下一年只能种植一茬。但这里光照条件好，具有发展保护地特别是日光温室的优越条件。本区黄瓜周年生产的茬次和生育期安排见表5-2。

表5-2　东北、内蒙古、新疆和青藏蔬菜单主作区黄瓜栽培茬次及生育期安排

生产方式	设施类型	栽培茬次	播种期	定植期	收获期
设施栽培	日光温室	秋冬茬	7月上旬	7月下旬	9月上旬～10月下旬
		冬春茬	2月中下旬	3月中下旬	4月下旬～6月中下旬
		越冬茬	12月中下旬	1月下旬	3月上旬～6月中下旬
	塑料棚	秋延迟	7月中下旬		8月下旬～10月上旬
		春提前	2月下旬	4月中旬	5月中下旬～7中下旬
露地栽培		地膜覆盖	3月中下旬	5月上中旬	5月下旬～7月中下旬
		春茬	3月中下旬	5月上中旬	5月下旬～7月中下旬

（2）华北蔬菜双主作区　本区包括辽宁省南部、河北、北京、天津、山东、山西、陕西和甘肃南部、江苏

和安徽淮河以北地区。本区冬季不十分寒冷，多数地区晴好天气较多，日光温室、大小暖窖、多层覆盖塑料大棚栽培比较发达，我国日光温室和塑料大棚发展多集中在这里。但其中的黄淮地区为南北气流交汇区，冬季常伴有连阴雾天发生，给这一地区日光温室生产带来了很大的困难。本区春季温度回升快，光照充足，有利于春季保护地生产的发展。本区黄瓜周年生产的茬次和生育期安排见表5-3。

表5-3 华北地区黄瓜栽培茬次及生育期

生产方式	设施类型	栽培茬次	播种期	定植期	收获期
设施栽培	温室	秋冬茬	8月中旬	9月上旬	10月中下旬～12月上旬
		冬春茬	1月中旬	2月中旬	3月中下旬～6月中下旬
		越冬茬	12月中旬	1月下旬	3月上中旬～7月中下旬
		春冬越夏栽培	2月上中旬	3月上旬	4月中旬～10月中下旬
	塑料棚	秋延迟	7月中旬		8月中下旬～10月中下旬
		春提早	2月中旬	3月中旬	4月下旬～6月中下旬
露地栽培		春茬	3月中下旬	4月下旬	5月中下旬～7月中下旬
		夏茬	5月上中旬		6月中旬～8月上旬
		秋茬	6月下旬		8月中下旬～9月中下旬

(3) 长江流域蔬菜三主作区 本区包括四川、重庆、贵州、湖南、湖北、陕西汉中盆地、江西、安徽和江苏淮河以南地区、浙江、上海，以及广东、广西、福建的北部地区。本区一年之中露地可栽培主茬蔬菜有三茬，即喜温

性黄瓜、番茄和菜豆等，一年可春作、秋作栽培两茬，大白菜、小白菜、萝卜等喜冷凉蔬菜则可作为秋作；越冬茬可栽培耐寒的菠菜、乌塌菜、小白菜等。冬季栽培的主要保护地设施以塑料大中棚为主，夏季则以遮阳网、防虫网覆盖为主。

本区黄瓜生产的茬次和生育期安排见表 5-4。

表 5-4 长江流域黄瓜栽培茬次及生育期安排

生产方式	设施类型	栽培茬次	播种期	定植期	收获期
设施栽培	日光温室	秋冬茬	8 月中旬	9 月上旬	9 月下旬～11 月上旬
		冬春茬	1 月中旬	2 月下旬	3 月下旬～6 月中下旬
		越冬茬	12 月中旬	1 月下旬	3 月上旬～6 月中旬
	塑料棚	秋延迟	7 月上中旬	8 月上中旬	9 月下旬～11 月上旬
		春提早	2 月中下旬	3 月中下旬	4 月中下旬～6 月中下旬
		防雨栽培	5 月中旬	6 月上旬	7 月中旬～8 月中旬
露地栽培	春茬		3 月下旬	5 月上中旬	6 月上旬～7 月中下旬

(4) 华南蔬菜多主作区 本区包括广东、广西、福建、台湾、海南等地。全年温暖无雾无霜，同一种蔬菜在这里一年可以栽培多次，喜温的茄果类、某些瓜类和豆类，甚至好热的西瓜、甜瓜也可以在冬季栽培。但夏季高温多雨常夹带风暴，给夏季蔬菜生产带来困难。本区黄瓜生产多在露地进行，一般从上年 12 月下旬到次年 9 月下旬都可以进行拓地直播，其采收供应期是 3 月上旬到次年 1 月。

4. 黄瓜早春地膜覆盖栽培如何进行品种选择?

品种应该具备早熟、耐低温的特性。还要求具有雌花出现早且瓜码密，瓜条在较低温度下生长速度快，前期产量高，抗病性能较好等特点。生产上比较好的有津春4号、津春5号、津优40号、津绿5号、中农10号、中农14号、鲁春26等。

5. 黄瓜早春地膜覆盖栽培如何培育壮苗?

普通地面覆盖栽培时，须于当地晚霜结束前30～40天在阳畦里育苗。定植期与露地春茬黄瓜基本相同，即当地晚霜结束后定植，日历苗龄30～40天。改良地膜覆盖栽培，定植期可在晚霜结束前10～15天，育苗在阳畦里也要相应提前。不论采用阳畦或双覆盖拱棚育苗，首先要根据定植期和品种确定播期。苗床管理可参照育苗技术部分（第四章），要求定植前要囤苗和炼苗，以适应定植后的环境。

6. 黄瓜早春地膜覆盖栽培如何进行整地施肥?

(1) 整地施肥 要选择前茬为茄果类和葱蒜类地块，最好不与叶菜类和瓜类连作，要土质肥沃，耕性良好，排灌方便，通风顺畅的地块，同时要一次施足底肥。底肥要以有机肥为主，增施磷钾肥，适当控制速效氮肥。每亩用优质农家肥4000～5000千克，腐熟的鲜鸡粪3～4立方米（最好能与粉碎的秸秆混合发酵），碳酸氢铵50～75千克，过磷酸钙75～100千克，硫酸钾20～30千克。施肥要采取地面普施和开沟集中施相结合的方法，2/3用于地面撒施，1/3开沟集中施用。施肥后要把肥料与土充分拌匀，然后按要求的种植形式开沟起垄或做畦。

（2）精细做畦 地膜覆盖比露地栽培整地要严格，为了真正使覆盖的地膜起到保温、保墒、抑制杂草的作用，必须两耕两耙，达到土细土绒。首先地面普施肥后要深翻25～30厘米，做畦或起垄前要先粗后细耙耢2遍。早春茬黄瓜一般采取小行距50厘米、大行距80～100厘米大小行种植，每亩栽苗3800～4200株。起垄或做畦后，要把畦面和垄面整平整绒。

（3）造足底墒 为了充分发挥地膜覆盖的增温保墒效果，一般在覆膜后的30～50天内不浇水，所以覆膜前要造足底墒，做到有墒可保，有水可用。整地前浇水后要施肥整地做畦或起垄、覆膜一条龙作业，以防失墒。

（4）细致覆膜 覆盖地膜要做到与地面紧密结合，严防透气、风鼓揭膜和给杂草滋生留有空间。

7. 黄瓜早春地膜覆盖栽培如何进行定植？

（1）定植时间 普通地面覆盖多在晚霜过后定植。改良地面覆盖一般可比露地提早定植10～15天。定植须选在冷尾暖头的晴天上午进行，力争在下午2时前结束。

（2）定植前准备 定植前7～10天覆膜烤地，提高地温；提早 5～7 天进行囤苗炼苗。

(3) 栽苗定植 掘苗要做到不散坨，少伤根，尽量多带宿根土。剔除病弱残苗。一般按 22～27 厘米株距栽苗，地面普通覆盖栽培先十字破膜掘土成穴，将苗栽入后浇水回填土使苗坨与垄面持平固定后，将膜再复原用土封压严膜口。改良地面覆盖定植时，为了防止幼苗过早贴近薄膜，可在沟穴内将苗稍向北倾斜着栽。栽后浇足稳苗水，再覆严地膜。近地面覆盖要边揭膜边定植边浇水，并随之再覆严膜。

8. 黄瓜早春地膜覆盖栽培定植后如何进行管理？

(1) 防止烤苗 小拱式近地面覆盖的缓苗期要密闭不通风，尽量提高温度，促进缓苗。缓苗后选晴天浇 1 次透水，适时中耕松土，遇有高温要及时放风。棚内白天 20～25℃，夜间 15℃。外界白天气温达到 20℃以上时，可以揭开薄膜使苗充分见光，下午 4 时左右再盖上。如此反复，直到当地晚霜过后 10～15 天，日平均气温稳定到 18℃以上时再最后撤除棚膜。改良地面覆盖可在缓苗后于苗顶一侧扎洞或揭开棚头放风，防高温伤害。晚霜过后再破膜放苗或大通风。

(2) 浇水追肥 在浇定植水或缓苗水的基础上，根瓜采收前一般不浇水，根瓜采收后开始追肥浇水。以后随着结瓜增多，逐渐加强追肥浇水。盛瓜期每 3～5 天浇 1 次水，1 次清水 1 次水冲肥，每亩每次追用尿素 20～25 千克。其间，最好冲施 2～3 次腐熟的粪稀或鸡粪水，每亩每次用1000～1500千克。进入结瓜后期要适当减少肥水，并有1周左右进行控水，以促进养分回流，恢复根系，延长结瓜时间。

(3) 植株调整 黄瓜伸蔓后要及时插架。高垄或高垄沟栽的多采用大架栽培，一般多用人字大花架，有条件的尽量采用并联单篱壁架。主蔓长到架顶后摘心，50厘米以下的侧枝摘除，以上侧枝瓜前留1～2叶摘心。

(4) 防止杂草 黄瓜生长的中后期，由于植株高大遮阴、作业不便和不宜再中耕，常会出现草荒。为此，需要采取一些防范措施：一是喷用除草剂。覆盖地膜前，在地面喷洒氟乐灵等除草剂。二是选用银灰色、黑色膜或专用除草膜进行覆盖，可以有效控制杂草为害。三是利用人工掀开薄膜拔除杂草或将土压到膜上闷杀草。

(5) 防薄膜破损 使用中发现地膜破损要及时用土封压住破口，防止破口继续扩大致使风吹揭膜。夏季地温过高时，可以在膜上撒些土以阻挡阳光直射。

(6) 适时揭膜 地膜覆盖习惯上是一直盖到拔秧，其实后期由于土壤高温而使根系提早衰老，植株早败。适时揭除地膜有利于延长结瓜。

(7) 采收及时 采收黄瓜，收获后及时清除田间地膜。

9. 露地春茬黄瓜收获时期有什么优势?

一般于当地晚霜结束前的30～40天，在阳畦里或双覆盖塑料棚里播种育苗，晚霜过后开始定植，定植后1个月左右开始采收，采收供应期50～60天。此茬可解决日光温室越冬一大茬、冬春茬和塑料拱棚春提早产量高峰期过后的市场供应不足的问题。每亩产量5000千克以上。

10. 露地春茬黄瓜栽培如何进行品种选择？

应选择早熟、抗病，特别是抗霜霉病的优良品种。目前比较适宜的品种有津春4号、津春5号、冀美4号、津优4号、津优40号、津绿5号、中农12号、中农8号、鲁春26等。

11. 露地春茬黄瓜栽培如何进行育苗？

播种时大地已经回春，温度比较高，一般在栽培地块附近建造阳畦或双层覆盖塑料棚进行育苗。通常采取营养钵等护根育苗，日历苗龄30～35天，生理苗龄3叶1心。

12. 露地春茬黄瓜栽培如何进行整地施肥和做畦？

(1) 茬口选择 黄瓜忌连作，对土地茬口的选择及土壤的要求较高，这是因为黄瓜的病虫害多，尤其是土传病害多易发生，而且黄瓜的根系又浅，连作重茬引起的土壤连作障害严重，从而导致减产失收甚至无收。

要严格选择3年以上未种过黄瓜及其他葫芦科蔬菜的

田块种植。实行 3～5 年的轮作，以减少病虫害的发生并恢复与提高地力。春茬黄瓜的前茬一般为春白地、越冬根茬菜或春早播快菜，其中以春白地最好，这样的地块相对土温高，缓苗快，黄瓜生长健壮。

(2) 整地施肥 冬闲地宜冬耕冻垡，定植前再浅耕碎土整平做畦。越冬菜及早春菜出茬后应及时耕翻，碎土整平。结合增施充分腐熟的堆、厩肥等有机肥，每亩 5000～10000 千克，并翻入下层。整地做畦前还可沟施腐熟粪肥、饼肥以及复合肥或草木灰、过磷酸钙等。

黄瓜的畦作形式有平畦、高畦和垄作等多种，我国北方地区年降水量小，需要灌水量大，故多采用平畦栽培，畦长一般 10～13 米，宽 1.3～2 米，畦埂底宽 40 厘米、高 10 厘米左右，而南方地区年降水量大，且要勤于排水，故多用高畦或高垄栽培。栽培畦面要一律整细整平，以防积水沤根。

13. 露地春茬黄瓜栽培如何进行定植？

(1) 定植时间 为防止晚霜危害，一般需要在当地终霜期过后，日平均气温稳定在 15℃，10 厘米地温稳定在 12℃以上开始定植。定植须选在晴天上午进行，下午 2 时前结束，以有利于地温恢复。不同地区定植的时间早晚不一，如东北、西北的高寒地区 5 月中下旬至 6 月份定植；北京、西安、济南、郑州等地 4 月下旬至 5 月中旬定植；上海、南京、武汉、重庆 4 月上旬至下旬均可定植；华南地区 12 月下旬至翌年 3 月上旬均可定植，除育苗定植外，

2月下旬至3月上旬还可以直播。

(2) 定植方法 在栽培畦内，按行距35～40厘米和株距25厘米栽植2行，每亩栽3500～4000株。栽苗多提倡“坐水栽”，即先开定植沟，沟内浇水，立即置入苗坨，水渗后覆土至苗坨与地面持平。

(3) 定植密度 黄瓜定植的密度因不同品种、不同长短的生长期和不同的栽培形式以及土壤肥力高低而有所不同。一般情况下，早熟品种生长期短，小架栽培或土壤肥力差的，可栽培较密；每亩高达6000株，行距40～43厘米，株距24～27厘米。中晚熟品种生长期长，生长势旺，土壤肥沃，又是大架栽培的定植密度则较稀。每亩3000～5000株，一般为4000株，行距70～80厘米，株距20～23厘米。一般宜采用大小行种植，大行行距80～90厘米，小行行距50～60厘米。

14. 露地春茬黄瓜定植后如何进行管理？

(1) 春茬黄瓜定植后容易出现的问题 这茬黄瓜定植后，生产上常见到的问题首先是烧根，这多是施肥过多或施用了未经腐熟的有机肥所致；其次是沤根和寒根，这多是地温低又湿度大造成的。

(2) 定植到根瓜膨大前的管理 定植后到缓苗前主要是中耕松土，提高地温，改善土壤通透性，以利于早发根，多发根，加快缓苗。缓苗后要选晴天浇1次透水，如果肥料不足，可以在浇水前开沟追施饼肥掺磷肥。如果苗情较差也可追施提苗肥。为了使提苗肥尽快发挥作用，最好追用硝酸铵钙或硝酸磷钾肥。浇水后可操作时，由深到浅，由近到远的中耕锄划 2～3 次。黄瓜卷须出现时，要及时插架绑蔓，直至根瓜开始膨大一般不再追肥浇水。

(3) 结瓜期管理

① 肥水管理。根瓜开始膨大进行第 1 次追肥浇水。第 1 次追肥既要把握时机，又要适当加大施肥量，以便调节结瓜与长秧的矛盾。一般每亩追用磷酸二氢铵和尿素各 10～15 千克。开始 7～8 天浇一水，而后改为 4～5 天或 2～3天浇一水，一次清水一次水冲肥，每亩每次用尿素 15～20 千克。其间追用 2～3 次发酵好的粪稀或鸡粪水，每亩每次用 1000～1500 千克。需要注意的是进入盛瓜期，一定要加大追肥浇水力度，即浇水追肥的间隔时间要缩短，追肥量要适度增加，同时增加追施硫酸钾等钾素化肥。

② 植株调整。主要是插架、绑蔓、摘心打杈和摘除枯黄老叶。植株长有 6～7 片叶，卷须开始出现就要插架，1 株 1 根架材，绑成人字架，畦头 6 根架材绑为一组，畦中 4 根架材绑在一起。瓜蔓上架后每隔 3～4 节绑 1 次，每次绑蔓要采取将秧拉直或弯曲的方法，使田间的瓜秧顶端尽量处在同一高度。绑蔓宜在下午进行。结合绑蔓摘除下部侧枝，保留中上部侧枝，中上部侧枝要瓜前留 1～2 片叶摘心。主蔓长到架顶大约有 24～26 节时摘心，促进结回头瓜。黄瓜生长后期，对无力结回头瓜的节上的枯黄老叶要及时摘除，以利于通风透光，减少病害发生。

15. 露地春茬黄瓜栽培采收时应注意哪些事项?

定植后的一段时间夜温低，不利于茎叶生长，容易形成瓜坠秧的现象。为此根瓜必须提早采摘，有时还要疏间掉一部分瓜纽，以保持长秧和结瓜协调发展。结瓜初期大约 2～3 天采收一次，结瓜盛期可以每天采摘。畸形瓜要及时摘除，以集中养分供正常瓜的生长。商品瓜宜在早晨采收，以保持鲜嫩。我国从北向南不同地区春季露地栽培黄瓜采收始期分别在 3 月、4 月中旬、5 月中旬、6 月；收获期分别在 40～70 天左右。

16. 露地夏茬黄瓜栽培难点有哪些?

6 月上中旬播种，采收期集中在 7～8 月，到 9 月中旬结束的一茬黄瓜是夏茬。这茬黄瓜生长期间，正值我国北方高温多雨季节，病虫害严重，环境条件不利于黄瓜生长，所以产量一般比较低，必须采取相应的措施，规避风险，克服不利因素，才能获得比较理想的产量和收入。根据地力选用优质、耐热和抗病品种。

17. 露地夏茬黄瓜栽培如何进行品种选择?

夏黄瓜的品种有很多，在生产实践中人们发现，在品种选用上不仅要考虑本身的耐热能力、抗病性和商品性状，同时还要根据栽培地块的肥力状况来分别选择。

目前较好的品种有津优1号、津优41、冀美4号和中农16等。在地力中、下等的地块，选用津优1号和中农16比较好。它们的特点是耐热能力比较强，瓜条整齐，甩瓜速度快，植株长势中庸，营养生长和生殖生长较易协调。上等地力的地块多选用津优41、绿耐克等，这些品种的特点是耐热和抗病能力都比较强，植株长势旺盛，瓜条大，产量高，对肥水条件的要求高。在肥水不充足时，往往容易出现弯腰、大肚等畸形瓜，或者出现下部瓜不摘上部瓜坐不住的现象，严重影响到产量。

18. 露地夏茬黄瓜栽培如何培育无病适龄壮苗？

为了培育出无病适龄壮苗，在技术上应该把握以下几个关键：

(1) 搞好种子处理　催小芽播种用70～80℃的“响边水”进行烫种，杀灭种子上携带的病原菌。在30℃左右水中浸种2小时后，即可进行催芽，种子“露白”后就可以点播。

(2) 遮阴护根育苗　为了防止强光、高温，最好在苗床上搭棚遮阴。为避免移苗伤根和散坨，最好采用塑料营养钵或纸袋进行护根育苗。

(3) 确保水肥供应　这茬黄瓜由于日历苗龄时间短，育苗期间温度高，配制营养土时多添加一些充分腐熟富含有机质的粪堆底肥，以保证营养土疏松通透性好。但秧苗生长速度快，需肥急迫，最好培养土中每立方米掺入磷酸二氢钾500～600克。从秧苗长有1叶1心开始喷用含有

0.2%磷酸二氢钾和0.3%尿素的营养液，或者植物多效生长素4000倍液。同时要保证水分供应，不能因为缺水而影响秧苗正常生长。喷用叶面肥时，可以添加杀虫剂和防病毒病的药剂，以消灭害虫和预防病毒病。

(4) 喷用促进雌花发生药剂 由于这茬黄瓜育苗期间夜温高、日照时间长，不利于雌花分化和形成。雌花发生少不仅影响产量，而且植株也容易发生徒长。因此，喷用促进雌花发生的药剂就是一项必要的措施，主要使用的药剂有乙烯利和增瓜灵。一般在2片真叶展开后处理即可。

19. 露地夏茬黄瓜栽培定植时应注意哪些事项?

(1) 小苗定植 采用小苗定植时伤根少，成活容易，成活后生长势强。一般日历苗龄15～20天，长有2叶1心前就要定植。栽苗时要舍大去小用中间。即大苗一般不用，小苗可暂作备用，主要栽植中等大小的苗子。

(2) 采用垄作和地膜覆盖 采用垄作和地膜地面覆盖，可以较好地起到防暴雨冲刷根系，防土壤板结和雨涝，保墒、防病和防杂草的作用。地膜覆盖垄作在技术上要把握以下几点：

① 要深耕施足底肥。底肥要分两次施入，第一次是翻地前，每亩用优质农家肥3000千克左右，过磷酸钙30千克，碳酸氢铵50千克，硫酸钾20～30千克，地面普施后深翻30厘米左右。第二次在耙耢搂平地面后，在栽培垄行上每亩撒施优质农家肥2500千克左右，磷酸二铵30千克左右。将肥料与土搅拌混匀，而后收土培垄，踏实整

理后使垄面呈龟背形，垄高16厘米左右。

② 覆草盖膜。可在地膜下铺5厘米左右厚的杂草、稻草或麦秸，前期可以防止地温过高，也可以阻止杂草滋生，后期腐烂起到肥料的作用。如果将白色地膜改为黑色地膜，不用覆草同样可以起到降低地温和防止杂草滋生的作用。使用银灰色地膜还有驱避蚜虫的效果。

(3) 定植需选温度低时进行　要选择阴天或晴天傍晚温度低时进行定植。要随栽随分株浇一次水，随后顺沟浇大水，2～3天再顺沟浇一次水，缓苗后再浇缓苗水。连浇这几水不仅可以满足苗对水分的需求，还可以降低地温，有利于新根发生。如果浇水不及时，一旦根系因高温老化，以后就很难挽救。

(4) 及时查补苗　缓苗期间要随时检查，发现缺苗要趁傍晚，用预留的小苗进行补栽。

20. 露地夏茬黄瓜定植后如何进行田间管理？

(1) 促根保秧　采取应对措施，抓好苗期管理，搭好丰产架是获取夏茬黄瓜高产的基础。主要措施有：

① 搞好中耕锄划，促进根系深扎。浇过缓苗水后，要在行间连续进行2～3次由深到浅，由近到远的中耕锄划，促进根系向纵深发展，此后凡是雨后都要中耕松土，防止土壤板结。

② 搞好叶面追肥喷药，确保秧苗健壮生长。根瓜坐住前一般不搞根部追肥，多继续进行叶面追肥，通常7天左右1次。同样也要掺入杀虫剂和预防病毒病的药剂，如

氨基寡糖素、香菇多糖、吗呱·乙酸铜和氯溴异氰尿酸等。

(2) 科学运用肥水，确保植株稳健生长 当大部分植株的根瓜长有15～18厘米长时开始追肥浇水。但若瓜秧长势弱，则应提前追肥浇水；植株长势旺可等到根瓜采收后追肥浇水。黄瓜开始采收后已进入炎热多雨季节，从理论上讲，此时的气候条件与黄瓜系统发育的环境非常相似，因而非常有利于黄瓜的生长发育。黄瓜表现为果实发育快，一般是每天采收或隔日采收。为此肥水必须跟上，一般应该1～2天浇一水，4～5天冲施一次化肥，每亩每次追用高氮三元复合肥20～30千克，或尿素20～25千克加硫酸钾10千克。夏季追肥一般不能追用有机肥，如人粪尿、鸡粪水等。结合根部追肥还要进行叶面追肥，一般喷用含有0.2%磷酸二氢钾和0.2%尿素的混合营养液，若同时加入云大-120、天达2116、植物多效生长素等，则更有利于提高植株抗逆性和保持植株健壮生长。结果盛期过后，黄瓜根系趋向衰老，吸收能力下降，提早灌用萘乙酸（5毫克/千克）和1.8%的复硝酚钠水剂（爱多收3000倍液），或随水冲施黄腐酸钾等，可以刺激发生新根，延缓植株衰老，缩短歇秧时间。同时要进一步加大叶面追肥力度，其中磷酸二氢钾的浓度可以提高到0.3%，尿素的浓度提高到0.5%，植物多效生长素的使用浓度也需要适当增加。

(3) 搞好植株调整，保证长秧和结瓜均衡发展 为适应露地条件，一般采用人字大架，架高1.6～2米。黄瓜甩蔓后开始绑蔓，以后每3～4节绑一次。结合绑蔓摘除卷须和黄老病叶。瓜秧爬满架时进行摘心。根瓜上下的侧枝要及时摘除，80 厘米以上的侧枝在瓜前留 1 叶摘心，要使侧枝的结瓜量占到总产量的 40%以上。

(4) 保持植株健壮生长，延长生长结果期　为了进一步提高露地夏茬黄瓜的产量，可以采取如下措施来延长黄瓜的生长和结果期：

① 注入青霉素。据试验，黄瓜结第一茬瓜时，在植株基部离地 1～2 厘米处，用竹签向斜下方扎 1 个小洞，用注射器向洞内滴入 1 滴青霉素水溶液，生长期间共进行 2～3 次，可使植株长时间保持嫩绿。每支青霉素（1 克）溶解于 10 千克水后可处理约 100 株。

② 定期喷云大-120（天然芸苔素）。植株进入结果期后，每 7～10 天喷用一次云大-120，可较长时间保持植株健壮生长。

③ 冲施黄腐酸钾。每亩每次用 5 千克，最好提前在容器中溶解，而后随水冲入。全生育期用 2～3 次。

(5) 搞好病虫害防治　夏茬黄瓜发生的主要病害有霜霉病、炭疽病、黑斑病、枯萎病、病毒病和细菌性角斑病等；主要虫害有蚜虫、白粉虱等。平时要定期喷药预防，一经发现就要立即用药防治消除。需要注意的是，一些抗病性好的品种上发生的病害常易与其他病害混淆，应注意观察诊断，以免误诊。

(6) 及时采收　夏黄瓜的植株与果实的生长速度均快，播种后 40 天即可采收，一般可隔天采收 1 次或天天采收，以利于黄瓜植株和果实的生长发育。

21. 露地秋茬黄瓜栽培对季节有何要求?

露地秋茬黄瓜一般在当地早霜期前100天左右播种，播后到采收只需45天左右，其采收期多在当地秋淡季，且黄瓜品质好，故效益相对较好，有一定发展前景。秋黄瓜露地栽培生长季节，时值前期的高温多雨和后期的低温与初霜，因此应结合这一特点进行栽培与管理。

22. 露地秋茬黄瓜栽培如何进行品种选择?

选用植株生长势强，苗期耐高温，抗病性强，生长后期耐低温，且果形稍大的优良品种。如中农2号、津优4号、津绿5号、冀美4号、津优40号、津研4号、津杂4号、津杂3号、冀黄瓜2号、夏青2号、唐山秋瓜等中晚熟的品种。早熟品种往往因积温过早满足，茎叶来不及足量生长就大量结瓜，造成瓜坠秧，植株参差不齐，瓜条畸形严重。

23. 露地秋茬黄瓜栽培如何进行整地做畦?

(1) 茬口选择 秋茬黄瓜病害较多，宜选用3～5年没有种过瓜类作物且土质疏松肥沃的地块，前茬以葱蒜和豆类作物最好。

(2) 施肥整地 前茬作物收获后，及时清理前茬残秸和田间杂草，抓紧深翻晒垡，每亩施入优质农家肥 5000 千克，过磷酸钙 100 千克，碳酸氢铵 30 千克，均匀普撒地面后耕翻 2 遍，深 15～16 厘米，使肥料与土充分混匀。而后先做成宽 130～140 厘米的平畦，在畦内再扶起 2 条垄，相距 45 厘米，垄上栽黄瓜。或筑高畦，畦面宽 90～100 厘米，高 25～30 厘米，畦沟上口宽 40 厘米，在畦面相距 50～60 厘米处栽植 2 行黄瓜。

24. 露地秋茬黄瓜栽培如何进行播种育苗？

露地秋黄瓜的播种期宜掌握在当地初霜期前 80～100 天播种，播种后 50 天左右始收。亦可种子直播或育苗移栽，但以育苗移栽为佳，可以避免高温多雨季节对幼苗的影响。

选地势高燥、阴凉通风、灌排两便、土壤疏松肥沃的高地做小高畦育苗床，畦高 10～15 厘米，以利于排水。种子经催芽与消毒处理后播种，为防苗期病毒病发生，可先用 10%磷酸钠浸种。催芽的种子可以按 10 厘米×10 厘米苗距直接播入育苗床，亦可用塑料钵等护根容器播种育苗。播种床应搭简易荫棚遮阴防雨，有条件的可用遮阳网搭棚育苗，亦可近地面覆盖至出苗。

秋黄瓜育苗，一般播种后 2～3 天可出苗，播种后 7 天可长出 1 片真叶，20 天左右可见 3～4 片真叶，秋黄瓜一般在两叶一心时定植。适时早栽可以防止苗期徒长，定植田间后提早生长，拉长生育期，争取多结果，增加产量。

25. 露地秋茬黄瓜栽培定植后如何进行田间管理?

秋黄瓜生长季节雨水多，前期气温与土温又高，肥料的分解快、流失又多，加之秋黄瓜本身对肥水的需求量大于夏黄瓜。故生长期中，尤其在采收根瓜后，应加大施肥量，增加追肥次数。可结合降雨后追肥，但应防止大水漫灌。注意排涝、防止田间积水。避免涝渍灾害和疫病的发生。

为了促进秋茬黄瓜茎叶生长，一般需在第 2 次间苗后结合浇水轻追 1 次肥，定苗后也要轻追一次肥。结瓜盛期一般是一次清水一次水冲肥，每亩每次用尿素 20～25 千克。天气冷凉后还要顺水追施人粪尿 2～3 次，每次每亩用 1000～1500 千克。

一般露地栽培要求搭人字花架，架高 2 米左右。绑蔓时结合整枝，一般主蔓 50 厘米以下的侧枝摘除，以上的侧枝瓜前留 1～2 片叶摘心。拉秧前 20 天左右摘心。

黄瓜结瓜后一般停止了中耕，田间发生杂草时可以用刮地皮免中耕的方法铲除，如果需要松土除草，深度也不宜超过 3 厘米。

26. 露地秋茬黄瓜栽培如何进行采收?

播种至采收约需 45 天，前期需要适时采收。天气冷凉后，瓜条发育减慢，采收期不严格，可依据行情适当推迟采收，但不宜过老。

27. 黄瓜塑料大、中棚早春黄瓜栽培如何进行品种选择？

一般日光温室冬春茬黄瓜栽培的品种都适于大、中棚春提早茬栽培，如津优30、津优33、津优35、津优36、津优38、中农9号等。

大、中棚春提早栽培尤其需要注意选用既耐低温弱光，又耐高温的黄瓜品种。这是因为这茬黄瓜收获上市的黄金时间比较短促，进入盛瓜期不久小棚和地膜覆盖的黄瓜就相继上市，而且也进入高温时期。耐低温弱光品种苗期生长快，开始采收时间早，进入盛瓜期产量会随着管理温度的提高而提高。如果品种不耐高温，就无法通过这一途径集中拿到产量，可能错过市场行情好的时间。

28. 黄瓜塑料大、中棚早春黄瓜栽培如何育苗？

育苗需采用日光温室或温床。播种出苗时温度尚低，需要采取增温和保温措施实现一次播种保全苗。育苗期间低夜温、短日照有利于雌花分化，一般也不用喷乙烯利和黄瓜增瓜灵来促进雌花分化。为了培育出花芽分化良好的壮苗，一般采取大温差育苗。白天最高气温可以达到35℃，夜间最低14～16℃。如果出现秧苗徒长，多与夜温高有关，适当降低夜温，并喷洒500倍的磷酸二氢钾，可以较好地促使瓜苗转壮。

为了适应定植后大、中棚里的条件，定植前要进行

7～10 天低温炼苗，主要是将夜间最低温度逐渐降低到 10～13℃，并适度控水。

29. 黄瓜塑料大、中棚早春黄瓜栽培如何进行定植？

(1) 整地和施肥 春提早栽培黄瓜首先要施足底肥，一般每亩需用优质农家肥 10000～20000 千克，鸡粪 1500～2000 千克，饼肥 200～400 千克，碳酸氢铵 75～100 千克，硫酸钾 20～30 千克，过磷酸钙 100～200 千克，或用磷酸二铵 100 千克代替碳酸氢铵和过磷酸钙。施肥多采用普施和开沟集中施肥相结合，在普遍施肥的基础上，再按要求开沟施用。

大棚内光照条件明显不如露地，株行距配置应适应大棚内的光照特点，需要适当放开行距，减少株数。目前多提倡 100 厘米×(60～80)厘米的大小行种植，株距 25 厘米左右，合每亩 3000～3300 株。除南方必须采取高畦作外，北方地区常采取多行垄栽且多用地膜进行地面覆盖。

(2) 适时定植 选“冷尾暖头”，大棚内 10 厘米处地温稳定在 10℃以上，夜间棚内气温在 5℃以上时定植，北方高寒地区可推迟至 4 月中下旬，华北地区多在 3 月中下旬，长江流域及其以南地区可在 2 月中下旬至 3 月上中旬定植。宜在晴天上午进行，下午闭棚增温。采用宽畦，畦宽 1～1.2 米，宽窄行双行栽培，宽行行距 100 厘米，窄行行距 40 厘米，株距 25～30 厘米，每亩地定植 3000～4000 株；窄畦宽 30 厘米，畦高 12.5 厘米，畦距 80 厘米，单行定植，株距 17 厘米，行距 100 厘米。

30. 黄瓜塑料大、中棚早春黄瓜栽培定植后如何进行管理？

① 定植至活棵为缓苗期，7 天左右，要确保及时缓苗成活。定植后浇足定根水。并架起小拱棚，用双层膜覆盖，尽量提高棚内气温与地温，7 天内棚温白天保持 30～35℃，夜间 15℃，白天棚内气温不超过 38℃，一般不放风。

② 缓苗至根瓜采收前（初花期、甩蔓期），要促进根系发育，控制地上部生长，防止徒长；同时又是植株由营养生长向生殖生长转化时期，既要防止营养生长过旺，出现根瓜化瓜，影响结果和早熟性，亦应注意不能过度控制肥水，加之低温有利于生殖生长，过度抑制营养生长，会形成“瓜打顶”。

此期间在非地膜覆盖畦上松土 2～3 次，可以提高地温，利于根系发育。缓苗后棚内温度通过适量放风，使其适当下降，白天 25～30℃，超过 30℃放风，午后棚温降至 25℃时闭棚，夜间棚温保持 10～15℃。同时不浇水、不追肥，进行蹲苗，直至根瓜开始发育，以利于根系生长。当根瓜开始发育，及时结束蹲苗，应及时浇一次水，并结合施充分腐熟的人粪尿或复合肥。当蔓长 25～30 厘米时插架绑蔓，随时摘除卷须、雄花，并将 10 叶以下的侧蔓摘除，可集中养分供主蔓生长需要，确保主蔓结瓜。此时正值初春，棚外气温不稳定，一方面要注意防冻，另一方面亦应在午间及时通风降温，防止晴天中午短时间 40℃以上高温造成黄瓜叶片灼伤。

③ 根瓜开始采收至拉藤为结瓜期，既是黄瓜植株旺盛生长时期，又是旺盛结瓜、采收的高峰期。这个阶段即4～6月，外界气温不断升高，要不断根据棚外气温的升迁，及时通风降温，并维系棚内适当温度范围，保证黄瓜旺盛生长和结果，以利于提高黄瓜产量。

适时通风降温。4月至5月上旬，黄瓜时值旺盛生长之际，产量亦高，当棚外温度在25℃以上时要掀开棚膜大通风，使棚内白天保持30℃左右，夜间18～20℃；5月中下旬以后，当棚外气温白天在25℃以上，夜间稳定在18℃以上时，即可撤去棚膜，转入露地栽培，而在南方多雨地区，可保留顶膜，撤除围裙膜，进行防雨栽培。

④ 结瓜盛期，加强肥水管理。保持土壤湿润，土壤相对含水量以80%～85%为宜。可3～5天浇一次水，后期1～2天浇一次。但应注意浇水时间，需在采瓜前进行，而且阴天、下午、晚上和高温的中午均不宜浇水。要分期追肥，保证足够的肥料供应。根瓜坐住后，可每10～15天追肥一次，仍以腐熟的人粪尿和复合肥为主，亦可进行叶面施肥，追施0.2%磷酸二氢钾或0.1%尿素3～4次。

植株调整。及时整枝、绑蔓，若见生长过旺，绑蔓时将主蔓下拉，以利于水平伸长，抑制向上生长，若见株势很弱，则通过及时绑蔓促其直立向上生长。当主蔓长至距架顶30厘米时要及时摘心打顶，促进下部发侧枝，多结回头瓜，增加产量。一般侧蔓每蔓仅留一个瓜，在瓜前留2叶摘心，还要及时摘除老叶、病叶，以防病虫害的发生，且便于通风，但应分次打叶，一次摘去1～2片，以防一次打得太多，削弱植株长势。

⑤ 结瓜后期，植株生长日见缓慢。此时又值季节温暖，多数地区已撤除棚膜或保留顶膜，可视植株长势及市场需求酌情管理。可立即拉藤，亦可酌情给予肥水，提高后期产量。

31. 黄瓜塑料大、中棚早春黄瓜栽培如何进行采收？

华北地区大棚春黄瓜一般 3 月下旬至 4 月初定植，4 月中下旬开始采收；长江流域及华东地区大棚春黄瓜 3 月中下旬定植，4 月中下旬采收。为满足市场供应，增加经济效益，应适时早收。早期可隔日采收，结瓜盛期应天天采收，以早晨采收为宜，一则夜间黄瓜增重较快；二则早晨采收棚内湿度大，采收后的果实可以保持鲜嫩，商品性好。

32. 塑料大、中棚秋延迟黄瓜栽培如何确定适宜的播种期？

我国北方和长江流域地区秋延迟黄瓜的播种适期不一样，基本上是北部早，南部晚，这茬黄瓜的播期非常重要，播种过早，高温多雨，病害严重，前期产量虽高，但因与露地秋黄瓜争相上市，不仅效益不高，而且也达不到堵缺补淡的目的。播种过晚，由于大、中棚保温能力有限，大大限制了中后期的产量，也不会获得高的产值。这茬黄瓜多在当地早霜期后 20 多天结束生产，全生育期 100 天左右。由此可以确定各地适宜的播种期。

33. 塑料大、中棚秋延迟黄瓜栽培如何进行品种选择?

这茬黄瓜栽培期间的气候特点正好与春季栽培相反，由高温炎热到低温寒冷，从强光长日照到弱光短日照。因此，选用品种非常重要，既要耐热抗病，又要瓜码密，产量集中。目前认为比较好的有：津优1号、冀美1号、津优10号、津优11号、津优12号、津绿1号、津春4号、津春5号、中农12号、盛世福星等。

34. 塑料大、中棚秋延迟黄瓜栽培如何进行育苗或直播?

秋延迟黄瓜一般采用直播，但直播时由于苗子分散，不便集中护理，为了节约种子，便于管理，建议采用育苗移栽。

(1) 育苗 育苗可参考日光温室秋冬茬黄瓜育苗的做法。苗子不宜太大，一般2叶1心即可。在炎夏到初秋时节，达到这一生理苗龄的积温可以在一个较短时间里实现，所以苗龄一般不超过20天。育苗期间要特别注意防雨和避虫。

(2) 直播

① 整地做畦。前茬作物收获后要及时清茬，进行耕翻。如果前作物施肥较多，这茬可每亩再施优质有机肥2000～3000千克过磷酸钙50千克，硫酸钾15千克。前作物施肥料不足时，每亩则要施用优质农家肥4000～5000千克，过磷酸钙75千克，硫酸钾20～25千克，饼肥100～

150千克。耕翻耙耢后，做高畦或起垄栽培，以有利于排水保苗。一般大行距70～80厘米，小行距50～60厘米。做高畦时，畦高20～30厘米（南方可高），畦面宽80厘米，畦间沟上口宽30厘米。在畦上相距60厘米栽2行，便形成了70厘米×60厘米大小行的种植格局。

② 播种。大、中棚秋延迟黄瓜直播分扣棚后直播和敞棚直播。敞棚直播虽然可以节约使用棚膜，但由于高温多雨，不仅茎叶容易受到伤害，也容易发生沥涝烂根，病虫害也严重。所以多数地方是采取扣棚后直播，扣棚也只覆盖棚顶部分，主要起到防雨和遮阴的作用，四周必须敞开保持良好的通风条件。如果使用的是新的普通农膜，则可以在经过20～30天的曝晒之后，将薄膜翻转过来再固定，这样就可以获得比无滴膜还好的无滴效果。直播时将浸泡好的种子进行点播。点播有的是按株距开穴，有的是开沟，沟深均为3厘米、宽4厘米，将穴或沟底整平浇水后播种。穴播时每穴分散着点播2～3粒种子，沟播时按粒距7～8厘米均匀撒播。

敞棚直播的播后需要在播种穴上收起土堆，在播种沟上扶成鱼脊背形，以保墒防雨拍。待播后3～4天小苗拱土时再刮去土堆和鱼脊背。

(3) 乙烯利处理 夏季和秋初的高夜温长日照不利于黄瓜雌花分化，过去多强调在1～3叶期间用乙烯利处理2次，现在看来未必正确。因为这茬黄瓜追求的是后期产量，如果雌花出现过早过多，往往对营养生长不利，植株容易早衰，影响后期产量。所以，一般在2叶期处理一次就可以了，或只喷洒1次黄瓜增瓜灵，以便使第一雌花着生在主茎第7～8节位，这样就可以有充足的时间长茎叶，为争取后期产量奠定基础。同样如果发现所用品种雌花出现节位低，数量多，就要及早将7～8节以下瓜纽全数摘除，否则就要出现植株生长不整齐，结瓜畸形的问题。如果已经出现这种情况，唯一的办法就是摘除所有大小瓜纽，肥水猛攻促进茎叶加快生长，促使植株转入正常。

35. 塑料大、中棚秋延迟黄瓜育苗栽培如何进行定植?

育苗移栽的田块，可以按着上面直播田要求的施肥量和种植方式，进行施肥整地。按下面要求定植。

① 时间。定植要选在阴天或晴天的傍晚进行，不仅可以减少秧苗萎蔫，而且可以提高劳动效率。

② 掘苗和选苗。掘取苗子应尽量多带宿根土，减少伤根。同时要剔除病、弱、残和过大的苗子，尽量选用适中或小苗。

③ 栽苗。在垄上按25厘米株距开穴，放苗后随即穴浇稳苗水，填土固定苗后，随之顺沟浇大水。此后4～5天里还必须再浇2次水，直到缓苗。

间、补、定苗直播的多分2次进行间、定苗，第1次在2片子叶展平时，首先剔除病、弱、残苗。结合间苗进行查、补苗，补苗时要起大坨，浇大水，确保成活。第2次在4叶期，去弱留壮。条播的25厘米左右选留1株，穴播的每穴留1株，其余掐除。

36. 塑料大、中棚秋延迟黄瓜定植后如何进行管理？

秋延迟黄瓜生长前期高温多雨，多数在露地下生长。后期温度很快下降，中间则有一个温光条件都比较适宜的时段，管理上必须分段掌握。

(1) 高温期的管理　正常播种时播后50天以内是高温期，此期包括苗期和搭丰产架两个阶段，是奠定这茬黄瓜丰产的基础时期。此期气候的特点是高温多雨，不利于黄瓜生长，需采取积极措施确保植株健壮。

① 肥水管理。直播后3～5天幼苗开始出土，一般应顺沟浇大水，降低地温，控制秧苗徒长。如果土壤缺墒，更应该如此。育苗移栽时必须在浇好稳苗水和定植水的基础上，在随后的4～5天里接连浇2次水，其作用首先是降低地温，其次是满足秧苗对水分的需要。如果错过了这两次浇水的机会，造成秧苗损伤，以后挽救很难成功。

缓苗后还需浇缓苗水，中耕促根系深扎。以后注意小水勤浇，如果发现叶黄苗弱，则应结合浇水冲施速效氮肥或氮磷钾复合肥。

搭棚栽培应在降雨时遮盖顶膜，防止雨水流入。敞棚直播或定植的，要及时排除田间积水，防止沥涝造成根系窒息死亡。同时做到雨后立即喷洒防治黄瓜霜霉病的药剂，并搞好雨后中耕松土。甩蔓后要及时插架，引蔓上架，插架后适当控制浇水。

② 清除杂草。田间出现杂草要及时消灭，前期结合中耕锄划。开始结瓜后中耕停止，不能再伤及根系，可采

用刮地皮免中耕的方法除草。

(2) 温和期的管理 播后50～80天，定植后30～60天是温和期，温和期是这茬黄瓜旺盛生长期和结瓜盛期，其间历时30天左右。

① 温度管理。扣膜前露地温度条件正适合黄瓜生长需要，但在当地日平均气温降到18℃左右时，自然温度就越来越不适合黄瓜生长的需要了，此前就需要覆盖棚膜，晚了易发生低温冷害。

扣棚后，正常情况下白天保持25～30℃，夜间15～18℃。扣棚伊始，不仅温度高，黄瓜也不完全适应棚内条件，此时要特别注意大通风：开始要开大风彻夜通风，然后再逐渐收小风口，减少夜间放风。大约经过1周的适应性锻炼后再按要求的温度进行放风和收风。当夜间最低温度降到15℃以下时，就要停止夜间放风。

② 肥水管理。秋延迟黄瓜结瓜期只有40～50天。温和期光照好，温度适宜，是茎叶和瓜条同时旺盛生长的时期，浇水追肥必须跟上，一般4～5天浇1次水，1次清水1次水冲肥。追肥多以氮素化肥为主，每亩每次施用尿素15～20千克。以后浇水追肥间隔期可适当延长。为了在有限的结瓜期内拿到更多的产量，还要搞好叶面追肥，每7天左右喷洒1次尿素和磷酸二氢钾混合液，加入植物光合促进剂和光呼吸抑制剂。

③ 植株调整。结合绑蔓摘除雄花和主茎80厘米以下的侧枝。主蔓长至22节大约高170厘米，就将主茎摘心，以促进侧枝发生。从腰瓜以上的叶节中选留3～4个侧枝，每侧枝留1瓜，瓜前留1～2叶摘心。

（3）低温期的管理　棚内日平均温度15～18℃则进入低温期。此时，瓜条生长缓慢，摘瓜量减少，应注意防寒保温，可以利用的保温措施都应及早用上，以尽量延长结瓜时间。天气变冷后要坚持上午不放风，下午1～2时做短暂放风，并在大棚四周围草保温。追肥浇水也要随着天气的变冷，棚内温度的降低而减少。浇水的间隔期可以逐渐延长到8～10天，追肥也应使用硝酸盐肥料。后期一般不再浇水，否则会加速植株早衰。但要继续搞好叶面追肥，喷洒植物抗寒剂、青霉素等，提高植株抗寒能力和抗逆性。同时将下部黄老病叶摘除，以减少养分消耗，增加植株下部的通风透光，减少病害发生。

37. 塑料大、中棚秋延迟黄瓜栽培采收时期应注意哪些问题？

这茬黄瓜从播种到始收一般只需40～45天，由于前期行情一般不理想，故宜早摘瓜；进入结瓜中期要适时采收，避免发生坠秧；后期则应适当推迟，并及早疏去畸形和无望成型的瓜纽，利用挂秧保鲜的方法增加后期产量。棚内最低温度降到5～8℃时，就要将商品瓜全部采收，以防发生冻害。

采收的黄瓜可以参照日光温室秋冬茬黄瓜的贮藏方法进行短期保鲜，推迟上市。

38. 塑料小拱棚覆盖黄瓜如何确定栽培时期？

利用塑料小拱棚春提早栽培黄瓜可比露地提早20多

天定植，在当地晚霜结束后 10 天左右伺机撤除拱棚，栽后 35 天左右开始采收，采收期 50～60 天。栽培用苗日历苗龄因品种不同需 35～45 天。育苗需要在当地晚霜结束前 55～65 天开始。

39. 塑料小拱棚覆盖黄瓜如何进行品种选择?

适于春提早小拱棚覆盖栽培的黄瓜应具备如下特点：首先是适应性强，因为小拱棚属于半程覆盖栽培，黄瓜前期在棚内生长，中后期露地生长，所以品种应对露地栽培条件有较好适应性，抗病能力要强。其次小拱棚覆盖是早熟栽培，所以品种应具备早熟丰产，雌花较密，连续分布好的特点。最后是瓜条要符合销往地的消费习惯，商品性好，脆嫩可口。目前生产上使用较好的品种有：津研 4 号、津优 1 号、津杂 2 号、津春 2 号、津春 5 号等。

40. 塑料小拱棚覆盖黄瓜如何培育适龄壮苗?

根据当地气候条件和适宜苗龄，采用阳畦，温床或大、小暖窖等设施育苗。由于育苗期间和定植后一段时间的低夜温和短日照条件有利于雌花分化，一般不需要喷药做促雌花处理。如果设施条件好，天气状况又好，秧苗出现徒长，也可在 2 片真叶展开后，用乙烯利或黄瓜增瓜灵处理一次。

长春密刺和山东密刺等日历苗龄可达到 40～45 天，津杂 1 号、津杂 2 号等日历苗龄 35 天左右。生理苗龄为 3

叶1心。定植前4～7天要搞好低温炼苗。

41. 塑料小拱棚覆盖黄瓜如何进行施肥整地？

结合整地每亩施用优质农家肥4000～5000千克，充分腐熟的鸡粪2～3立方米，碳酸氢铵50千克，过磷酸钙50～75千克，硫酸钾20～30千克，或用磷酸二铵50千克代替上述氮磷化肥。施肥后耕翻2遍，耙透搂平做畦。平畦畦宽140～150厘米，高畦畦面宽100厘米，畦沟上口宽40～50厘米。

42. 塑料小拱棚覆盖黄瓜如何进行定植？

① 定植前7天左右扣棚烤地，提高地温。

② 选无风晴天上午定植，力争在下午2时前结束。

③ 在畦中间相距60厘米处定植2行，株距25～30厘米，每亩合3000株左右。开沟（穴）坐水栽或栽后浇水，立即覆盖小拱棚。高畦作的还要在沟内浇水。

43. 塑料小拱棚覆盖黄瓜如何进行栽后棚内管理？

(1) 缓苗期管理　缓苗期要密闭小拱棚，尽量提高温度，以高气温促地温，加速缓苗。其间还要选无风晴天揭棚进行1次中耕松土。

(2) 缓苗后管理　缓苗后白天保持25～30℃，长有4～5片真叶后，温度超过30℃要开始放风，降至20℃左右要闭风。放风要掌握由小到大逐渐增大通风量，开始时尽量不要放“过堂风”。如果揭开两棚头通风时，最好在棚头用高 50 厘米左右的薄膜作挡风帘，以免“扫地风”伤苗。

扣棚期间黄瓜已经进入伸蔓期，此时尚不能插高架，最好用短架材在棚内简单支架，防止黄瓜秧子满地乱爬，互相缠绕。

日平均气温 20℃左右，夜间最低气温在 12℃以上时，可以考虑撤除小拱棚。在撤棚前要逐渐加大通风量，缩短夜间覆盖时间。

44. 塑料小拱棚覆盖黄瓜如何进行撤棚后的管理？

(1) 插架绑蔓进行植株调整 撤棚后要立即插架，每株 1 根架材，通常采用大人字花架。结合绑蔓对植株进行整理：根据植株长势酌情选留第 1 个瓜，如果植株长势弱，最好将第 7 节以下的雌花和雄花全部摘除，甚至疏掉一部分瓜纽；如果植株长势旺，且能保证有充足的水肥供应，可考虑保留低节位的瓜。80 厘米以下的侧枝基本摘除，上部侧枝留 1 叶摘心作辅养枝，坚持以主蔓结瓜为主。

采取拉直和迂回绑蔓的方法，使全田植株尽量保持高度一致。

(2) 加强中耕 撤棚后要进行 2～3 次中耕，促使根系向深层发展。结合中耕，向根际壅土成高 2 厘米左右的土埂，促使发生不定根。

(3) 追肥浇水　定植后到根瓜采收前一般不浇水，以控制棚内湿度不过大，防止霜霉病和炭疽病发生。根瓜采收后开始追肥浇水，追肥以速效氮肥为主。开始 5～7 天浇一次水，温度高时 4～5 天浇一次水。一次清水一次水冲肥，每亩每次追施尿素 20～30 千克。其间冲施或泼浇 2～3 次粪稀或鸡粪水。进入结瓜后期先冲施一次黄腐酸壮根肥或灌用一次萘乙酸，停水 1 周，促使养分回流、复壮植株继续结瓜。

45. 日光温室冬春茬黄瓜栽培如何进行品种选择？

冬春茬黄瓜苗期在冬季，结瓜在春季，一直延续到夏初。所用品种应具有耐低温又耐高温，耐弱光又耐高湿，雌花出现早，数量多且连续分布好，主蔓可连续结瓜且结回头瓜能力强，前期产量高而集中等优点。目前适于越冬一大茬生产的黄瓜品种都可用作冬春茬栽培，如津优 30、津优 33、津优 35、津优 36、津优 38、中农 9 号、鲁黄瓜 1 号、长春密刺、新泰密刺等。

46. 日光温室冬春茬黄瓜栽培采用嫁接育苗如何提高抗性？

由于日光温室茬口安排的限制，特别是使用年限较久的老日光温室，土壤连作重茬难免，从而导致土壤连作障害严重，土传病害亦见多发。为提高黄瓜本身的抗病性，特别是增强其抗枯萎病的能力，提高黄瓜根系的耐寒性与抗逆性，减少与克服土壤连作障害所带来的不良影响，确保稳产多收，故日光温室冬春茬黄瓜，一般均采取嫁接法育苗。在日光温室，通过嫁接方式培养出高 10～15 厘米、粗 0.6～0.7 厘米、具 4 叶 1 心、苗龄 30～35 天的健壮幼苗。

47. 日光温室冬春茬黄瓜栽培如何进行合理定植？

(1) 施肥整地 冬春茬每亩基肥用量是优质厩肥 5000～7500 千克，鸡粪 1500～2000 千克，碳酸氢铵 100 千克，过磷酸钙 150～200 千克，或用磷酸二氢铵 75～100 千克代替上述两种化肥，硫酸钾 30～40 千克，饼肥 200 千克左右，草木灰 150 千克或硫酸钾 30～40 千克，有条件的再施硫酸锌 2 千克左右。实践证明，只有多施优质厩肥，才能保证苗壮、病少、产量高，也才有可能采用“短、平、快”的快节奏管理方法。

施肥方法多根据施肥量大小来掌握：量多时，普施与开沟集中施肥相结合；量少时，以开沟集中施肥为主。开沟按种植行距进行。

上茬种植韭菜的一般不必刨出韭菜根，而是先简单地开沟施肥起垄栽植黄瓜，以后韭菜随萌发随锄划。这样不仅给黄瓜松土培了垄，同时残留的韭根也增加了土壤养分和水分，还有利于防病。在韭菜畦埂和行间套栽黄瓜时，也可仿效上述方法去做。如果需要从地面收土给黄瓜培土时，切不要在地面撒施化肥，以免发生肥料灼伤。

(2) 定植时间的确定 冬春茬黄瓜定植时间常由室温、苗龄、前茬作物腾地（包括空间）时间、天气情况以及准备工作等来决定。条件不具备不能草率从事，这茬黄瓜晚定植几天，苗子稍大一些也无妨。此间可做一些割坨晒坨、分散苗子扩大营养面积和炼苗等工作。定植必须选晴天进行，而且定植后要能遇有几个连续的晴天。

(3) 种植形式及密度　冬春茬黄瓜属于早熟栽培，可以适度密植，种植形式和密度有：

① 高畦栽培。1.1 米一带，畦宽 65 厘米，高 20 厘米，水道（沟）上口宽 45 厘米，畦面栽双行，行距 45 厘米，株距 30 厘米，这样就形成了 65 厘米×45 厘米的大小行种植形式，每亩可栽 3600 株左右。

② 垄作等行距栽培。垄距 70 厘米，株距 25 厘米，合每亩 3500 株左右。

③ 大小行垄作栽培。小行距 70 厘米，大行距 100 厘米，株距平均 23 厘米左右，合每亩 3000 株左右。

④ 等行距主副行变化密度栽培。就是按 1 米行距开沟，在沟内集中施肥，按 50 厘米等行距起垄。施肥沟上的垄是主行，施肥沟之间的垄是副行，垄高均 12～15 厘米。在主行上栽满行，平均株距 23 厘米，每亩实栽 2600 株。在副行前部只栽 5 棵，株距 20 厘米，这样就形成了一长一短主副行栽培形式。副行摘几条瓜后，当其影响到主行植株生长时即拔除。

(4) 选苗与栽苗

① 大小苗分级分栽。定植前把苗子分为三等，分别定植到不同部位：从整个温室来看，大苗栽到前沿、东西两端和进门处，小苗栽到中部和远离温室进出口的一侧；就一行而言，大苗在前，小苗在后。有人认为温室前部低

矮，应该栽小苗，这是不对的。全室栽完尚有剩余苗时，除留足补栽备用苗外，其余可在水道后或北墙根东西栽上1行。

② 栽苗。冬春茬黄瓜定植时要创造有利于提高地温促进缓苗的条件：一是定植必须选在晴天上午进行，力争在下午2时前结束。定植后能赶上三五个晴天最为理想。二是实行垄作，垄高15厘米左右。三是栽苗不宜深，一般覆土封膜后苗坨与垄面持平或略高即可。四是栽后只穴浇稳苗水，所用水温不低于20℃，最好用40～50℃的温水。严禁用室外地表水或池塘水，特别是用带有冰块的水来浇灌。定植后若遭遇阴天，要坚持只栽不浇水，等到天好了再开始分株浇水，否则很难避免发生沤根。定植到缓苗前要做到分株浇2次水，直到缓苗后再顺沟浇水。五是定植后要尽量覆盖地膜，有条件和必要时还应覆盖小拱棚，以加速缓苗。

48. 日光温室冬春茬黄瓜栽培定植后如何进行温度管理？

冬春茬黄瓜生育期的温度管理，大体分为以下3个阶段。

(1) 越冬前——定植到根瓜膨大期 大多数地区的天气较好，温度管理上应以促秧、促根和控制雌花节位为主，温度管理上分段进行：第一片真叶以前采用稍高的温度进行管理，一般晴天上午保持25～32℃，夜间保持16～18℃。从第二片叶展开起，采用低夜温管理（清晨10～15℃），以促进雌花的分化。5～6片叶以后，栽培环境有利于雌花的分化，则会使品种的雌花着生能力得到充分的表现。此期的温度应适当高些，晴天白天上午保持 25～32℃，下午保持 23～30℃，夜间保持 18～14℃。

(2) 越冬期——结瓜前期 大多数地区已进入严冬时节，光照越来越不足，此时的温度特别是夜温一定不能过高。晴天上午23～26℃，不超过 28℃；午后为 22～20℃，前半夜为 18～16℃，不超过 20℃；清晨揭苫时为 12～10℃。

(3) 越冬后——春季盛瓜期 入春后，日照时间逐日增长，日照强度逐日加大，温度逐日提高，黄瓜逐渐转入产量高峰期。此期温度管理指标要随之提高，晴天时白天为 25～28℃，不超过 32℃；夜温为 18～14℃，不超过 20℃。进入 3～4 月份，为了抢行情及早达到产量目标，也有采用高温管理的。高温管理时，晴天的白天上午温度掌握在 30～38℃、夜温在 21～18℃。高温管理须有 4 个基本条件：一是品种必须合适，例如密刺系统的黄瓜一般可实行这种管理；二是瓜秧必须是壮而偏旺的，瘦弱的植株往往不适应这种高温条件；三是必须有大量施用有机肥的基础，能够大量施用速效氮肥；四是必须有良好的灌水条件。

49. 日光温室冬春茬黄瓜栽培定植后如何进行通风管理？

定植后的一段时间里要封闭日光温室，保证湿度，提高温度，促进缓苗；缓苗后要根据调整温度和交换气体的需要进行通风。但随着天气变冷，通风要逐渐减少。冬季为排除室内湿气、有害气体和调整温度时，也需要通风。但冬季外温低，冷风直吹到植株上或通风量过大时，均容易使黄瓜受到冷害甚至冻害。所以，冬季通风一般只开启上通风口，通风中要经常检查室温变化，防止温度下降过低。春季天气逐渐变暖，温度越来越高，室内有害气体的积累会越来越多，调整温度和交换空气要求逐渐地加大通风量。春季的通风一定要与防治黄瓜霜霉病结合起来。首先，只能从日光温室的高处（原则不低于 1.7 米）开口通风，不能通底风，棚膜破损时要随时修补，下雨时立即封闭通风口，以防止霜霉孢子进入室内。其次，超过 32℃的高气温具有抑制霜霉病病菌孢子萌发的作用，这是在通风时需要考虑到的问题。当外界夜温稳定在 14～16℃时，可以彻夜进行通风，但要防止雨水进入温室内。日光温室的黄瓜一直是在覆盖下生长的，一旦揭去塑料棚膜，生产即结束。

科学通风。一是注意做好晴天的通风：主要控制温度。温度在 16℃时，空气相对湿度为 100%；18℃时为 85%，随着温度的升高，湿度要降低。白天，上午温度达到 30℃时，开始通风。下午温度降至 20℃左右时，通小风。温度降为 13℃时，关闭通风口。一般的规律是阳光充足时，日光温室内每小时可升温 7～10℃；傍晚至上半夜是黄瓜养分转化和运输的主要时期，此时温度以 18～20℃最为适宜；下半夜植物呼吸作用加强，养分消耗较多，温度应控制在 13～15℃，以减少呼吸作用。二是注意做好阴天的通风：主要是在保温的情况下控制湿度。早晨通风半小时，中午较热时通风 1～2 小时，傍晚通风半小时左右，之后盖草苫。

50. 日光温室冬春茬黄瓜栽培定植后如何进行水肥管理？

(1) 水分管理 在浇好定植、缓苗水的基础上，当植株长有4片真叶、根系将要转入迅速伸展时，应顺沟浇1次大水，以引导根系继续扩展。随后就转入适当控水阶段，直到根系膨大一般不浇水，主要是加强保墒、提高地温，促进根系深入发展。如果此时浇水过于频繁，南瓜根就会浮在近地表层，对以后的抗寒不利。结瓜以后，严冬时节即将到来，植株生长和结瓜虽然还在进行，但用水量要相对减少，浇水不当容易降低地温和诱发病害。天气正常时，一般7天左右浇1次水，以后天气越来越冷，浇水的间隔时间可逐渐延长至10～12天。浇水一定要在晴天的上午进行，这样一是水温和地温更接近，根受刺激小；二是有时间通过通风排湿，在中午强光下使地温得到恢复。

浇水间隔时间和浇水量的具体调控，要根据黄瓜植株的长相、果实膨大增重和某些器官的表现来权衡判断。瓜秧深绿，叶片有光泽，龙头舒展是肥水合适的表现；卷须呈弧状下垂，叶柄和主茎之间的夹角大于45°，中午叶片有下垂现象，是水分不足的表现，应选晴天及时浇水。

春季黄瓜进入旺盛结瓜期，需水量明显增加。此时灌水就不能只限于膜下的沟内灌，而是逐条沟都要浇水。浇水的间隔时间要随管理的温度不同而定。常规温度（白天25～28℃，不超过32℃，夜间18～14℃）下一般4～5天浇 1 次水；管理温度偏高的，根据情况可以 2～3 天浇 1 次水。嫁接苗根系扎得深，不能采用黄瓜自根苗那样轻轻浇过的办法，需要在间隔一定时间适当地加大一次浇水量，把水浇透，以保证深层根系的水分供应。

空气相对湿度的调节原则：从嫁接至缓苗期宜高些，空气相对湿度以达到 90%左右为好。结瓜前适当高些，一般控制在 80%左右，以保证茎叶的正常生长，尽快地搭起丰产的架子。深冬季节的空气相对湿度控制在 70%左右，以适应低温寡照的条件和防止低温高湿下多种病害的发生。入春转暖以后，湿度要逐渐提高，盛瓜期要达到 90%左右，此时原来覆盖在地面的地膜要逐渐撤掉，而且大小行间都要浇明水。注意，高温时必须与高湿相配合，否则高温致害，不利于黄瓜的正常长秧和结瓜。

(2) 追肥 冬春茬黄瓜结瓜期长达 4～5 个月，需肥总量多，但每次的追肥量又不宜过高，这时因为南瓜根比黄瓜根吸肥能力强、吸肥范围广，故需增加肥量。但一次施肥多了容易引起茎叶徒长。在冬季黄瓜的生长量不大，又不能多浇水，如追肥量过大极易引起土壤肥液浓度过高，形成浓度障害。冬春茬黄瓜的追肥按下面的规律进行：摘第一次瓜后追 1 次肥，每亩追施硫酸铵 20～30 千克；低温期一般 15 天左右追一次肥，每次每亩追硫酸铵 10～15 千克，加腐植酸 5～10 千克；严冬时节要特别注意搞好叶面追肥，但叶面喷肥绝对不可过于频繁，否则会造成药害和肥害；春季进入结瓜旺盛期后，追肥间隔时间要逐渐缩短，追肥量要逐渐增大，每亩每次施尿素 15～20 千克；结瓜高峰期过后，植株开始衰老，追肥和浇水也要随之减少，以促使茎叶养分向根部回流，使根系得到一定恢复，以延长结瓜期。

51. 日光温室冬春茬黄瓜栽培定植后如何进行植株调整？

(1) 吊蔓　黄瓜蔓一般长到 7～8 片叶时开始吊蔓，吊蔓在整个生长期应经常缠蔓和调整龙头高度，以利于通风透光。吊蔓时间可在上午 10 时至下午 3 时之间，这段时间瓜蔓比较柔软，不易折断。

(2) 整枝打杈　引蔓后，主蔓基部长出的侧枝或影响植株生长及结瓜的枝条及时掐掉，以避免养分的消耗。坐瓜后长出的侧枝，在第 1 雌花前留一叶摘心，打杈应选择晴天上午进行。对主蔓要及时摘心，促使回头瓜和杈子瓜的形成。一般以 25 片叶时摘心为宜。

(3) 落蔓摘叶　注意适期落蔓。在植株生长点接近棚顶、植株底部无叶茎蔓顶端（即最低叶片基部）离地面 30 厘米以上时落蔓。其具体做法是：将下部无瓜光秃秧盘压在根周围。落蔓时，使植株保持 15 片左右功能叶片，同时使蔓顶距棚膜保持 40 厘米左右，并且落蔓后要把蔓的生长点均匀地分布在一个南高北低的倾斜面上，以利于采光。该方法能有效地延长黄瓜生育期。落蔓宜选择晴天午后进行。切记不要在含水量高的早晨、上午或浇水后落蔓，以免损伤茎蔓，影响植株正常生长。落蔓前 7 天最好不要浇水，这样不仅有利于降低茎蔓组织的含水量，增强其柔韧性，还可以减少病害。

落蔓与摘除下部老黄叶同步进行，先去除病、老叶，带至棚外烧毁，避免落蔓后靠近地面的果实、叶片因潮湿的环境发病。摘叶时注意一次摘除叶片不能太多，通常摘2～3片为宜。最底部叶片距垄面13厘米左右，每株保持功能叶15片以上。

52. 日光温室冬春茬黄瓜栽培如何进行合理采收？

嫁接黄瓜育苗时温度不高，日照较短，本来就有利于雌花的分化，更由于嫁接时进行切口，使营养生长一时受到抑制，生殖生长得以发展，往往雌花发生得早而且多，影响瓜秧生长。如果定植后再遇上低温连阴天，这一情况可能就更加严重。遇到这一情况，要下狠心及早采摘下部的瓜，必要时还要把一部分或大部分（有时是全部）的瓜纽疏掉，以保证瓜秧正常生长，为以后提高产量打好基础，结瓜初期要适当早摘、勤摘，严防瓜坠秧。低温寡照到来以后，植株制造的养分有限，瓜坠秧的现象更容易出现，也必须强调早摘勤摘。接近春节时采摘的瓜，可以采用下面秋冬茬黄瓜栽培中介绍的保鲜办法进行贮藏，以便于春节集中供应。春暖以后，更要勤摘早摘，充分发挥优良品种的增产潜力。

53. 日光温室冬春茬黄瓜温度、光照管理中存在哪些误区？

(1) 黄瓜需要的温度越高越好 冬春季节由于气候原因，自然光照和大气温度都较低，提高光照强度和温室温度是栽培管理的难点。黄瓜较为适宜的夜温为15～18℃，白天32℃左右。但黄瓜在更高温度下仍然可以正常生长。当光照充足、气温达到39℃时，光合作用才能达到顶峰。在38～40℃范围内，光合作用与呼吸作用同样强烈。实际光合产物的积累在26～30℃为宜，在此温度范围内，温室栽培的黄瓜所需温度越高越好。较低的夜温有助于减少呼吸消耗。一般来讲，温室夜间最低温度应在10℃以上，低于8℃应适度加温，确保不抑制生长和产生畸形花果。但在夏季露地种植时，即使达到39℃的高温，也能形成较高的产量。

(2) 只要耐弱光，就不需要补光　冬春季节温室栽培的密刺黄瓜应该是耐低温弱光的，这与黄瓜起源于原始森林有关。试验证明：黄瓜的光饱和点一般为5.5万～6.0万勒克斯，光补偿点为2000勒克斯。在此范围内，光的强度越高，生长越健壮，产量越高。但在冬春季节大部分时间，光的最大强度仅为5万勒克斯左右。通过棚膜以后，光强减少20%～30%，温室内光照一般在3万勒克斯以下。如遇上连续阴雨雪天气，光照在光补偿点以下，黄瓜处于“饥饿”状态，对产量的影响是很大的。因此，冬春季节温室黄瓜的光照严重不足，应通过补充光照提高产量。一般的做法是经常擦拭薄膜，去除尘土增加透光率。通过无色地膜覆盖，增强地面阳光反射，使下中部叶片接受较多的光照。设置后墙反光幕也有一定的效果。但最为有效的方法是设置植物钠灯等补光专用灯，一般功率在300瓦以上，每8～10米设置1盏。功率小的白炽灯作用不明显。

(3) 只要有较高的气温，地温就无所谓　黄瓜对地温的要求要高于气温。1℃地温相当于2℃气温的效果。有利于黄瓜根系生长的最低地温是12～15℃，但地温高于8℃时主根还是能伸长的。低于8℃时，主根和根毛都受到抑制，不再伸长。试验证明，如果将地温从18℃提高至24℃，黄瓜的早期产量和总产量分别提高45％和34％。但地温若超过32℃，总产量将会降低。使用南瓜砧木嫁接时，黄瓜的抗逆性显著提高。地温降至12℃时，根系能正常生长发育。因此，地温对黄瓜的作用远远大于气温。提高冬季温室地温的方法很多：采用寿光半地下型日光温室的建造方法，有利于加大热容量，提高地温；增施作物秸秆和牛、马粪等，是一种利用酿热物提高地温的方法，效果较好；通过全地膜覆盖和设防寒沟，也能有效提高地温。在深冬季节，减少化肥施用量，尽量多施有机肥和生物菌肥，即增施热性肥料，对提高地温是有益的。总之，要想深冬季节提高黄瓜产量，提高地温是十分重要的。

54. 日光温室秋冬茬黄瓜栽培如何进行品种选择？

秋冬茬苗期高温多雨，后期低温寡照。黄瓜生长期间日照由长变短，由强变弱，温度由高变低，恰与正常栽培下的气候条件相反。而这茬栽培的黄瓜越是后期产量越高收益越多。因此，在选用品种上就比较严格，首先多要求选用顶端优势中庸的中晚熟品种。这类品种第1雌花出现的晚些，不会发生“坠秧”的现象。而且侧枝发生多，可以用作后期结瓜。其次是要求品种既要耐热又要抗寒，长势好，抗病力强。

目前认为在这茬黄瓜生产上表现较好的有津优 1 号、津优 11 号、冀美 1 号、际洲 6 号、中农 8 号、中农 9 号、盛世福星等，水果型黄瓜多采用戴多星等。

早熟品种因积温容易满足，茎叶生长不足而早早结瓜，造成植株参差不齐、畸形瓜多。更由于顶端优势强、侧枝少、后期产量不及中晚熟品种，一般多不选用。偶尔误用时，要立即疏掉 7～8 片叶以下的瓜纽，或摘除大部分瓜及瓜纽，并加强肥水管理促使植株恢复。

55. 日光温室秋冬茬黄瓜栽培如何进行科学育苗？

（1）播期　秋冬茬黄瓜育苗期间正值高温多雨，播种过早植株容易徒长且病虫害严重，还可能在深冬到来前提早结束了产量高峰。播种过晚在温光条件较好的时段难以培养起壮株和获得足够的产量。因此秋冬茬的播期比其他茬次都要严格些。通常认为适宜的播期是在当地早霜前的 2 个月左右，华北地区多在 8 月下旬。由于各地温室性能和气候条件不同，高纬度高寒地区可能提早到 8 月上中旬，采用嫁接苗的要推迟到 8 月下旬到 9 月上旬。总的原则是这茬黄瓜育苗要掌握“适期播种，适中偏早”。

（2）防雨棚育苗或直播　秋冬茬黄瓜育苗处在高温季节，所以不宜在露地育苗。日光温室春季覆盖的聚氯乙烯薄膜，经过夏季膜面已经污染，透光率下降，揭开前裙膜，顶部开通风口，形成凉棚，可避免高温强光，对幼苗生长有利。如果日光温室未覆盖薄膜时，可在露地扣小拱棚做育苗畦。小拱棚宽 2 米以上、高度超过 1 米，用旧薄膜覆盖，四周卷起，形成凉棚。

① 苗床的准备。苗床宜建在栽培温室的附近，苗床一般宽 1～1.2 米，上搭 0.8～1 米高的拱架，覆膜主要用于遮雨防露和创造近似温室的条件。床土不必单独配制，只要在床面按每平方米撒施过筛腐熟的粪肥或秸秆堆肥 5 千克和过磷酸钙或磷酸二氢钾 50 克即可，只要求床土疏松和磷钾素营养充足即可。浅翻使肥料与土拌匀，搂平。苗床绝对不准施用未经腐熟的圈粪、鸡禽粪和饼肥等。

② 播种。播种前一天，一定要在畦内浇足底水，不仅可以保证水分供应，还可降低地温，有利于正常出苗。播种通常按 12 厘米×12 厘米划格点播，随点随用过筛的细湿土封堆覆盖，堆高1.5～2 厘米，最后用筛子普遍筛撒一层细土，阻止畦面水分蒸发，防止床面龟裂。由于这茬黄瓜育苗地面充足，为了优中选优，一般要多育出 1/3 的苗子，以备选用。

③ 正确使用遮雨棚。苗床搭棚主要是为了防雨和防露。秧苗一旦遭雨淋或叶面结露，霜霉病就会大发生，畦内积水还会引发疫病和猝倒病。但遮盖不当容易造成苗床局部高温或遮阴过度，夜温高和光照不足，秧苗极易发生徒长或炭疽病。为此，棚架不能过低，而且棚膜只在夜间和降雨时覆盖，棚膜的四周要高高撩起，保证通畅。其余时间一定要揭去棚膜使秧苗充分见光。

④ 防病虫鼠害。这期间育苗最易发生病毒病、霜霉病和疫病。病毒病关键在防，首先要及时除治白粉虱、烟粉虱和蚜虫；其次苗期普遍喷灌 1 次预防病毒病的药剂。

霜霉病和疫病防治主要是在齐苗后逐棵用25%甲霜灵可湿性粉剂600～800倍液喷淋灌根，10天左右再灌1次。也可叶面喷洒48%杀毒矾可湿性粉剂400～500倍液。苗子遭受雨淋或叶面结露时，要立即喷药防霜霉病，在美洲斑潜蝇为害严重的地方，需要特别注意用药除治。

黄瓜播种后，要立即在苗床周围撒上避鼠的东西如辣椒面、掺有恶臭气味农药的锯末和稻壳等。死鼠的发酵液避鼠效果尤好。

⑤ 适时断根。高温下黄瓜根系极易老化，不经断根的秧苗定植后缓苗慢甚至难以成活。断根可以刺激新根大量发生，定植时苗坨内带有大量具有旺盛生命力的幼根。断根是在第1片真叶展开后进行，用小铲将苗带土坨铲起，就地放下。断根后必须随即浇水，降低地温，促进缓苗。

⑥ 保证水分充足。秋冬茬黄瓜育苗时，地、气温都高，蒸发量大，一般苗床多表现缺水。缺水会造成茎叶和根系老化，给下步管理造成被动。所以必须保证水分供应，切不可缺水。

秋冬茬黄瓜的日历苗龄因播种早晚有很大差别，一般适宜日历苗龄是18～30天，播种过早时可能更短，所以多是以生理苗龄为准。生产上多强调2叶1心到3叶1心时必须定植，晚了不仅成活困难，而且还会影响到以后的生长。

此外，秋冬茬黄瓜可采用催芽直播的方法。直播虽省工，但苗子分散、管理不便，而且秋季多阴雨，易患病，因此目前仍以育苗为主。播种前种子用清水浸透后，再放到10%磷酸钠溶液中浸种20分钟，用清水洗净后播种。秋冬茬黄瓜花芽分化期基本上处于高夜温（15℃）、长日照（12小时以上）的条件下，因此雌花出现晚，节位较高。为改变这种情况，一般可在两叶期采用100～200毫克/千克乙烯利溶液喷洒1次，但切不可浓度过大。育苗期间温度高、蒸发量大，应及时补充水分，待苗长至3叶1心时及时定植。

56. 日光温室秋冬茬黄瓜栽培如何进行定植？

（1）整地施肥 秋冬茬施用的底肥也兼有为冬春茬施肥的作用，所以必须注意多施富含有机质的堆肥、粪稀、鸡粪及饼肥等优质肥料。一般要求每亩施优质肥总量达到10000千克。化肥每亩用量是过磷酸钙100～150千克，碳酸氢铵50～100千克，或用磷酸二铵100千克替代上述两种化肥。另需施硫酸钾30～40千克，饼肥200～300千克。但目前一些老温室应特别注意防止施肥过多引起的肥害。另外还要注意某些品种如津杂系列黄瓜的耐肥能力相对比较差一些。施肥时，先将2/3的底肥铺施地面，人工深翻2遍搂平后，按栽植株行距（80厘米×100厘米或100厘米等行距）开沟，将剩余的底肥施入沟内，充分与土搅匀。随之在沟内浇大水，待地皮发干可操作时，填沟扶起垄。栽苗时，垄的底宽25～30厘米，高15～20厘米。另外要在大行间再扶起一个稍宽大的垄作为人行通道和沟浇水的一个沟边。

(2) 栽苗　秋冬茬黄瓜进入冬季后，温光条件逐渐变差，若种植过密、相互遮挡，植株易早衰，影响产量。因此，定植密度不可过大，目前秋冬茬多采用等行距栽植，行距 1 米，株距平均 25 厘米左右；或采取双行稀植，宽行 80 厘米，窄行 50 厘米，每亩定植 3500 株左右。

这茬黄瓜栽培最容易出问题是在定植时：一是浇水跟不上，造成根系老化，植株僵化，以后很难挽救；二是思想准备和温室准备不够，应该定植时不能进行，因 4 叶期以后的苗子生长很快，虽然只晚定植几天，但苗子可能又长出二三片叶子，起苗时不仅伤根多，而且栽后植株匍匐地面，缓苗极为困难。

57. 日光温室秋冬茬黄瓜栽培如何进行肥水管理和植株调整?

(1) 肥水管理　定植后及时浇水，3～5 天后浇缓苗水；采收期保持土壤见干见湿；在结瓜盛期隔水浇一次腐熟的农家有机液肥或随水冲施三元复合肥 4～5 千克，即一清一混，也可喷施高效氨基酸液肥或其他叶面肥。在黄瓜生长盛期由于需水量大，每天浇一次水，每次半小时，以满足植株对水分的需求。

(2) 植株调整　蔓长 40～50 厘米时及时吊蔓。秋冬茬黄瓜侧枝多，一般 10 节以下的侧枝全部摘除，10 节以上的侧枝在第一雌花前留 1～2 片叶摘心。选留侧枝的多少要根据植株的疏密程度而定，不能过密。植株生长到 25

片叶后打顶摘心，以促侧蔓结瓜和回头瓜发育。

58. 日光温室秋冬茬黄瓜栽培采瓜与保鲜有哪些技术方法？

采瓜也是植株调整的一个手段，如果瓜的上部没有坐住瓜，瓜秧长势旺，采后可能出现徒长或光合产物失掉分配中心时，就应推迟采收；如果瓜秧长势弱，瓜秧上稍大的瓜都可以提前采收。有时为了促秧或等待黄瓜行情好时采摘，增加产量，前期瓜纽多时也可疏掉一部分。从时间上来看，天气好时可适当重摘；天气变冷以后摘瓜宜轻，并尽量保持一部分生长正常的瓜条延后采摘。

秋冬茬黄瓜采收初期，一些地方的秋延迟黄瓜尚占据市场，消费者对黄瓜渴求也不十分迫切。为了不争夺市场，通常要把采摘下来的黄瓜做短期贮藏。这茬黄瓜生育的后期，为了延后供应，一般也可进行简易贮藏保鲜。

(1) 硅窗保鲜袋贮藏　保鲜袋一般由专业厂家生产。每个袋上贴有按额定储藏量计算出来的橡胶硅窗。新购进的保鲜袋硅窗常由塑料袋上的薄膜封闭着，称为护膜，护膜需在使用中自己剪开，否则橡胶硅窗就不能发挥调气作用。

黄瓜在采收前一夜，最好结合防病用百菌清烟剂熏一次，可杀死黏附在黄瓜表面的病原菌，起到消毒杀菌作用。装袋时不宜太满，袋上部留有 1/3 的空间。装袋后扎口时，在袋口上放置一段可以连通袋内外的细塑料管，以帮助换气排湿。保鲜袋需站立置放，使顶部呈屋脊状，这样袋壁上附着大量水珠，此时需要开口放一次湿，并剪去硅窗上护膜，把硅窗全部暴露出来，开始利用硅窗的调气作用。贮藏黄瓜的环境适温是10～13℃，资料介绍可贮藏1个月，一般20天左右问题不大。在贮藏中温度稳定很重要，即使温度低一些，只要不忽高忽低，效果也还是很好的。

(2) 温室内挖坑贮藏 在生产黄瓜的温室的后坡下或两头，挖一个深50～60厘米的长形土坑，将黄瓜摆入其中，上盖塑料布，再覆盖纸板、麻袋等，利用土壤中的水分保持贮藏湿度，一般可存放10～15天。

59. 日光温室越冬茬黄瓜栽培如何进行品种选择？

越冬茬黄瓜目前都是采用的嫁接苗，砧木主要采用黑籽南瓜，有些地方因黑籽南瓜感染拟茎点霉根腐病，苦于无法控制而换用白籽南瓜作砧木，结果由于抗寒性差而蒙受巨大损失。因此，越冬茬黄瓜应选择耐低温、耐弱光、抗病性好、瓜把短、瓜条顺直、品质优良的品种。目前在生产上推广使用较好的品种主要有津优30号、津优35号、津优36号、津优38号、中农9号、冠之绿等；水果型黄瓜主要有戴多星、京研迷你2号等。

60. 日光温室越冬茬黄瓜栽培如何进行嫁接育苗？

越冬茬黄瓜适宜苗龄35天左右，定植后35天左右开始采收，从播种到采收历时70天左右。越冬茬黄瓜一般在元旦前后开始采收，春节前后进入产量高峰期。由此推算，正常的播期应在10月上中旬。

育苗一般是在温室进行，但需要特别提示的是越冬茬黄瓜属于长期栽培，一般期望第1个雌花出现在第7节附近比较理想，因为这样更有利于协调结瓜和长秧的关系。为此，在温度管理上就要依苗子大小分段进行管理：第1片真叶以前温度宜高些，一般晴天上午25～32℃，夜间16～18℃；从第2片叶展开起，要降低夜温，清晨气温10～15℃，这样有利于雌花分化。

61. 日光温室越冬茬黄瓜栽培如何进行定植?

(1) 扣膜和整地做畦

① 扣膜。用于越冬茬栽培的日光温室最好在当地日平均气温降至16℃以前覆盖棚膜，这样可以减少地中蓄热（土壤中贮存的热量）过度散失。育苗在温室里，施肥整地可在扣棚膜前，也可以在扣膜后，可根据肥料准备、劳力和农活统筹安排。

② 整地、施肥。施足有机肥，每亩施加牛粪15～20立方米，或猪圈粪10～15立方米，或秸秆堆肥20立方米，再加鸡粪（以鲜鸡粪计之）10～15立方米，有的还施入饼肥200～400千克。化肥的用量是过磷酸钙100～150千克，标准氮肥75～100千克，或用50～75千克磷酸二铵代替上述两种化肥，硫酸钾40～50千克。除此之外，在老温室每2～3年每亩施用硼砂1～1.5千克，每年施用硫酸锌和硫酸镁各1.5～2千克。

按大小行种植时小行距80厘米，大行距100厘米或

120 厘米，也可采用 1 米等行距。开沟施肥后，在沟里浇水，待水渗后可作业时将沟填平，并在沟上扶起垄，高 25～30 厘米，此为栽植垄。同时在 100 厘米或 120 厘米大行间再扶起一条小高垄，用作入行通道，也便于沟浇水。

(2) 定植与覆盖地膜

① 栽苗。栽苗宜选在晴天。将苗子分大、中、小三等分别栽到温室不同的部位。大苗应栽到温室的东、西部和前部，小苗集中到温室中部。就一行而言，大苗在前，小苗在后，一般苗居中。按株距 25～30 厘米定植，在栽苗时可以按株距开穴栽苗，也可以开深沟摆放苗子。栽苗的同时在每穴撒施磷酸二铵 2～3 克，也可以在 2 棵苗之间撒施 5 克左右。而后在穴内或沟里浇水（称稳苗水），水渗后填土固定小苗，而后再顺沟浇定植水。苗子不要栽深了，填土后苗坨与垄面持平即可。

按株距 25～30 厘米定植时，每亩温室约可栽苗 2200～2600 株。

② 覆盖地膜。目前通常的做法是先覆膜后栽苗，或栽后随即覆盖地膜，都是不可取的。因为覆盖地膜后会在膜下形成一个假的湿润层，使本来可以深扎的黄瓜根停留在近地地表的土层中，还会在膜下发现浮在地表的根，这些浮根在低温到来后便消失了。根浅、根量少不仅影响根系吸收养分和水分，而且抗寒能力也大大降低。越冬茬黄瓜定植时多数地方的地温并不低，覆盖地膜与否并不影响黄瓜缓苗。所以，覆盖地膜最好在浇完缓苗水并连续中耕 2～3 遍后再进行比较合适，时间约在定植后的 15 天。

覆盖地膜时要在小行间简单支起地膜，形成膜下沟灌的形式。一般不主张在大行间覆盖地膜，但可以覆盖作物秸秆，这样既可减少地面水分蒸发，又可以保证土壤气体交换顺畅。

62. 日光温室越冬茬黄瓜栽培定植后如何进行温度管理？

(1) 缓苗期 定植前3天内保持较高温度（白天28～32℃，夜间20～25℃）和较高的空气湿度（90%～95%）。若遇晴朗天气，中午前后盖花苫，防止幼苗萎蔫。

(2) 缓苗后至坐瓜初期 中午前后温度高达40℃时，开天窗、前窗通风降温至32℃，以后保持室内温度不超过32℃。逐渐降低夜温，使夜间温度不高于18℃。一直到坐瓜初期室内温度控制在白天24～28℃，夜间14～18℃，昼夜温差8～10℃。

(3) 结瓜期 华北地区秋冬茬黄瓜结瓜期处在9月底～12月初。10月中旬开始扣膜。扣膜后一般晴天时保持白天25～30℃、夜间13～15℃，阴天时保持白天20～22℃、夜间10～13℃，昼夜最少要保持10℃以上的温差。深冬（11～12月）晴日晨时揭草苫前9～10℃，揭草苫后至11点为16～24℃，中午前后28～32℃，下午24～28℃，夜间12～20℃。

63. 日光温室越冬茬黄瓜栽培定植后如何进行放风管理？

定植后一段时间要封闭温室保湿增温，促进缓苗。缓苗后要根据温度调整和气体交换的需要进行放风。以后随着天气变冷，放风要逐渐减少。冬季为排除室内过多水汽和有害气体也需要放风。春季天气逐渐变暖，温度越来越高，室内有害气体的积累也会越来越多，调整温度和交换气体的工作要逐渐加大力度。但春季通风也要讲究技巧，就是放风一定要和防黄瓜霜霉病结合起来。首先，只能开启上放风口，不能放腰风，更不能放底风。棚膜破损口要随时修补，下雨要立即关闭放风口，这都是为了防止霜霉菌孢子窜入室内。当外界夜温稳定在14～16℃时，可以彻夜进行放风，但要防雨水滴入室内。日光温室的黄瓜一直是在覆盖下生长的，一旦揭去塑料棚膜，生产即结束，除非在露地下再次恢复植株茎叶。

64. 日光温室越冬茬黄瓜栽培定植后如何进行水肥管理？

(1) 水分管理

① 定植至根瓜采收前浇水

a. 缓苗水。在浇好定植水、及时锄划的基础上，缓苗后就要顺沟浇缓苗水，随之转入以锄划为主的控水阶段，以便引导根系向广度和深度发展，直到根瓜膨大前一般不浇水。并在完成中耕后将地膜覆盖上去。

b. 根瓜水。给黄瓜进行第一次追肥浇水的时间非常重要，早了易徒长，晚了会出现瓜坠秧。通常要求根瓜15～18厘米长，即膨瓜开始后进行第一次追肥浇水。但要灵活掌握：瓜秧弱可适当提前，瓜秧旺则可以在根瓜采收时进行。

② 冬季浇水。黄瓜浇根瓜水后开始进入严冬，在低

温炼苗转入低温管理后，可以看天、看地、看苗浇水，原则是每 7～8 天浇一次水。天气不好时可延长至 10～12 天或更长时间，但绝不能不浇水。此间浇水要注意五个问题：一是要看天。浇水要选在晴天上午，不仅水温和地温接近，也有时间恢复地温和排除湿气。最忌讳浇水后遭遇连阴雾天。二是实行膜下沟灌。三是要浇用机井水，严禁直接浇用地表水。只能用地表水浇时需提前引入温室进行预热。四是不能怕有病而迟迟不敢浇水。五是发现植株生长缓慢要做全面分析，不能盲目地乱浇水。

③ 春季浇水。春天天气转暖后，要随着管理温度的提高和产量的不断增加而逐渐增加浇水次数，逐渐恢复 4～5 天浇 1 次水。自然界日平均气温达到 7～8℃以后，大小行都要浇水，而且要伺机撤除地面覆盖物。如果是采用高温管理，根据情况可 2～3 天或 1～2 天浇一次水。

转入结瓜后期时植株趋向衰老，要结合促根壮秧控水 7 天左右，以加速根系更新。结瓜后期白天夜间温度都很高，夜间浇水可以降低气温和地温，更有利于延长结瓜期。

根据管理温度提供相应的肥料和水分才能保证黄瓜高产。嫁接苗根系扎得深，浇水量需要比自根苗大一些，最好在浇过几次小水后浇一次大水，以防土壤深层缺水影响根系活动。

④ 空气相对湿度调节。黄瓜温室的空气湿度要比其他果菜类大，其中嫁接到缓苗期相对湿度达到 90%左右为好。结瓜前可略低些，一般也要达到 80%左右，这样才能达到最大同化量，以保证茎叶健壮生长。深冬季节茎叶和

瓜条生长速度都变慢，空气相对湿度可控制在70%左右，以适应低温管理需要和减少病害发生。入春转暖后，随着管理温度的提高，空气湿度也要相应增加，盛瓜期相对湿度要达到90%左右。此时大小行都要浇水，地面原有的覆盖物也都要撤除，有时还要在垄沟里保存一些明水，以增加温室的空气湿度。

(2) 追肥　越冬茬黄瓜结瓜期长达4～5个月，需肥量大且迫切，施入的有机肥难以满足黄瓜短时间内形成大宗产量的需求，必须追施化肥。黄瓜追肥宜少量多次，还要追肥与浇水结合，这样既可避免浓度危害，又可防止茎叶徒长。

在深冬季节冲施1～2次黄腐酸盐肥料，对维持根群吸收和提高植株耐低温能力会有一定帮助。在温室能彻夜放风时，再顺水冲施2次腐熟的人粪尿或鸡粪水，对预防植株早衰和延长结瓜大有好处。同时，还要根据需要，定期进行叶面追肥。

65. 日光温室越冬茬黄瓜栽培定植后如何进行植株调整？

(1) 吊蔓　越冬茬黄瓜一般不打顶，瓜秧通常可长到80～90节，长7～8米。有的100节以上，长度接近10米。温室高度有限，加上茎蔓过长也不利于水分和养分的输导，所以每生长一段时间就要进行落蔓。为了落蔓方便，一般都采用吊秧，不仅减少了架材遮阴，还为落蔓提供了方便。

吊蔓一般从植株长有7～8片叶时开始，长到一定高度时落蔓。吊蔓和落蔓是经常性的一项工作，不论吊蔓还是落蔓都要坚持“扶弱抑强”，对长势强的植株可以适当下缩，对长势弱的植株可以上提瓜秧，尽量保持龙头高度一致。但要掌握一次落蔓不要过长，一般 20～30 厘米就可以了。生产上常见集中时间一次性大落蔓，由于落蔓过长常出现有 1 周左右的时间不结瓜。吊蔓和落蔓都尽量不要伤及叶子，还要尽量使叶片合理分布，不互相遮挡。

（2）摘除老叶、雄花和卷须 落蔓通常与摘除下部病老黄叶同步进行。由于温室内光照条件差，又有分布上强下弱的特点，再加上黄瓜硕大叶片的互相遮挡，下部的光照会严重不足。因此下部叶片光合作用就很弱，有的老龄叶片出现黄化，摘除这些逐渐失去功能的黄老叶片，不仅可以减少养分消耗，还可以改善植株下部的生长环境。但是一次摘除的叶片又不能太多，通常以 2～3 片为宜，这恰与每次落蔓的长度相适应。摘叶后要保持每株有 20 片左右的展开叶，否则容易出现歇秧现象；摘老叶要在晴天下午进行，这样有利于伤口愈合。掐除叶片要保留一段叶柄，防止发生感染时直接危及主蔓。平时要经常摘除雄花、卷须和畸形病瓜等，摘除卷须要趁小进行，否则消耗了养分再摘除就失去了意义。

66. 日光温室越冬茬黄瓜定植后如何进行灾害天气的预防与补救管理？

越冬茬黄瓜生产期间常发生的气象灾害有低温冷害和

冻害，低温连阴雾天或雪后骤晴、风鼓揭膜等。

(1) 低温冷害　低温包括低气温和低地温，其危害各有侧重表现：

① 低气温危害。前半夜，特别是盖草苫后4小时内，气温低于14℃，光合产物不能从叶片中及时运转分配出去，就会在叶片中积淀继而形成“泡泡病”，叶片老化变脆，光合能力明显降低。夜间持续的低温会使植株叶片变小，节间变短，营养生长明显受到抑制而发生“花打顶”。

② 低地温危害。地温降至12℃以下时，根的吸收受阻，比较明显的症状是缺钙和缺硼。地温降至8℃以下，就会发生“寒根”或“沤根”，根系受到损伤。

预防低温冷害首先要选用和建造温度性能良好的优型日光温室，完善各种保温措施。其次是要搞好种子低温处理、低温炼苗，给植株喷洒青霉素、植物抗寒剂等。

(2) 冻害　黄瓜冻害首先指气温降到3℃及以下，对黄瓜茎叶组织造成直接伤害，主要有以下三种情况：一是冷风从棚膜破损口或放风口直接吹到植株上；二是叶片或龙头直接贴到棚膜上；三是风鼓揭膜冷风突然侵入。前两种情况叶面的局部组织受伤呈白色干枯，损失一般不大；后一种情况会使大部或全部植株叶片迅速下垂枯萎，叶面呈镀铝膜色，无法挽救。

为此，棚膜破损要随时修补，及时落蔓防止叶片和龙头贴上棚膜。刮大风时要立即关闭风口，并将部分草苫捆成半捆参差不齐地压到前屋面上，防止棚膜大幅度地鼓动。

(3) 连阴雾天或雪后骤晴 温室黄瓜遭遇数个或数十个连阴雾天或雪后骤晴，如果处理不当就会造成植株凋萎死亡，俗称“闪死秧”。所谓处理不当就是揭苫后放任气温升高，而当气温上升到23℃左右时，叶片就要全面萎蔫，这是因为随着气温升高植株的蒸腾作用也在加剧。但此时地温低，根系吸水量少，满足不了蒸腾的需要。了解了这个道理，在处理方法上首先就要严格掌握气温，不能升得过快过高，要维持较低的气温且不能放风，放风会使室内湿度降低，从而增加植株的蒸腾作用。可行的办法就是覆盖部分草苫进行遮阴，等待地温慢慢提高。气温虽然可以影响地温，但地温的提高还主要靠阳光的直接照射。因此有规律地交替揭放草苫就成为阳光轮流照射地面的方法。在等待地温回升期间，还要定时地向温室空间和植株上喷洒清水，这样可以降低植株的蒸腾作用。将上面的方法连接起来就组合成了连阴雾天或雪后骤晴时对黄瓜温室的处理方法。至于处理时间的长短，则主要看连阴雾天和雪天持续的时间，少者2～3天，多者7～8天或更长。此间的关键是要耐心和持之以恒，稍有懈怠就可能前功尽弃。但有时也会遇到在遭遇了数十个或更长时间的低温连阴雾天或雪天后，黄瓜茎叶并没有发生冻害的现象，只是叶片显得很黄瘦。晴天后严格按技术要求进行处理，虽然没有出现叶片大面积凋萎的情况，但是龙头下第1节却出现污绿色萎缩绵软，龙头随即凋枯。目前对这一现象尚没有满意的解释和挽救方法，可以考虑用侧枝代替主干进行生产。

67. 日光温室越冬茬黄瓜栽培如何进行合理采收？

视植株长势采瓜，瓜秧长势旺，应推迟几天采收；如果瓜秧长势弱，秧上稍大的瓜都可以提前采收。有时为了促秧等待黄瓜行情好时再采收，前期花多时可疏掉一部分。从时间上来看，天气好时可适当重摘，天气变差摘瓜宜轻，并尽量保持一部分生长正常的瓜条延后采摘。摘瓜一般是在浇水之后进行。

68. 日光温室早春茬栽培如何选择适宜品种？如何进行育苗？

宜选耐低温、耐弱光，抗逆性、抗病性强，早熟高产的优良品种。如新泰密刺（长春密刺），津杂 1 号、2 号，中农 5 号，农大 12 号、14 号等。

利用日光温室或塑料大棚加小棚等设施育苗，并以电热温床营养钵育苗的效果为好。

早春茬黄瓜一般要求 4 月前后开始采收，五一前后进入产量高峰期，播种期应在 12 月下旬至翌年 1 月中下旬。

69. 日光温室早春茬栽培如何进行合理定植？

(1) 定植时间 苗龄一般 50 天左右。2 月上中旬日光温室内 10 厘米深处地温稳定在 10℃以上，夜间气温在 5℃以上时方可定植。

(2) 整地施肥 一般畦作或垄作栽植。在做畦做垄前应深翻地，并施足有机肥。一般每亩施有机肥2500～5000千克，用鸡粪、猪粪、马粪等均可。但一定是已发酵好的，尤其鸡粪不发酵好易发生粪害。一般面施然后深翻做畦做垄。畦一般打成南北向。为了提高地温，一定要高畦、高垄作业。一般培成15～30厘米高。若做畦，畦面打成70～80厘米宽，每畦栽2行，株距20～25厘米，作业道50～60厘米；垄作的也应打成小垄、大垄2个一对栽苗，小垄为作业道。注意畦中间一定开个水沟，以备后期大量需水时从畦面中间沟浇水。做垄或做畦时，每亩施磷酸二铵30千克和硫酸钾20千克左右作基肥。

(3) 定植 栽苗时，刨埯或在畦面上开沟，将苗带坨按株距摆入，稍加围土，然后在穴中（刨埯的）浇水或从沟一头用管子漫淌，一定要充分浇透土坨。待水全部渗入后覆土，盖没土坨上方1厘米即可。栽苗时不要太深。栽后2～3天在畦或垄上盖地膜。

70. 日光温室早春茬栽培定植后如何进行温度管理？

一般定植后数日内要紧闭通风口，暂不通风，除非温度高达34℃以上时才可短时通小风，把温度稍降一下。一般缓苗前白天温度保持在28～32℃，短时的33～34℃也可以不通风。夜间温度最好在20℃以上。待缓苗后温度适当降低，白天一般为25～30℃，夜间为16～18℃。阴天时，温度要相应降低，白天保持20～22℃，夜间16～17℃。同时在对温度影响不大的情况下，尽量早揭和晚盖防寒保暖覆盖物，尽可能多地增加光照。在通风降温、排湿换气时，注意打开通风口，不要让冷空气直接吹向植株，使植株骤然受冷而“闪苗”（萎蔫），影响生长发育。随着气温逐渐升高，逐步加大通风量。

71. 日光温室早春茬栽培定植后如何进行水肥管理？

定植后前期注意控水，根瓜坐住前以控为主，土壤湿度保持在60%～65%。在定植水浇透的前提下，一般根瓜坐住前不再浇水；结瓜后开始浇水，气温较低时，浇水次数和浇水量应少，一般每15天左右浇水1次，选在晴暖的上午进行，采用膜下暗灌法，有条件的可进行滴灌或温水浇灌。

开花坐果后以促为主，保持土壤湿度在70%～80%。春季气温逐渐回升，植株生长速度加快，应增加浇水量，大小行均浇，一般每7～10天浇1次。浇水后最好能使温度升高到32～35℃再放风，有利于降低空气温度，预防病害。结瓜中、后期，放风量和水分蒸发量加大，每5～7天浇1次水。结瓜期逐渐加大浇水量，结瓜盛期经常保持地面湿润。

施足底肥时，结瓜前不追肥。开始收瓜后，结合浇水进行第1次追肥，每7～10天追施1次，每次每亩施用氮磷钾复合滴灌肥10千克，或尿素225～300千克/公顷+磷酸二氢钾150千克/公顷，或硝酸钾300千克/公顷。春季每10天左右追1次肥，拉秧前30天不追肥或少量追肥。

72. 日光温室早春茬栽培定植后如何进行植株调整?

(1) 吊架 当秧苗长至5～6叶时易倒伏，用无色透明塑料绳吊架，吊架注意每次缠绕秧时不要把瓜码绕进绳里边去。

(2) 整枝绑蔓 绑蔓一定要轻，不要碰伤瓜条和叶片而影响生长。绑蔓时，使每排植株的“龙头”即植株顶端最好处于同一高度上，以求得整体一致。具体做法是：对生长势较弱的植株可以直立松绑，对生长势强的弯曲紧绑，用不同的弯曲程度来调整植株生长上的差异。每次绑蔓使“龙头”朝向同一方向，这样有规律的摆布能有效地防止互相遮阴，使植株更好地采光。绑蔓时顺手摘除卷须，以节约养分。对有侧蔓的品种，应将根瓜下的侧蔓摘除，其上侧蔓可留1～2个瓜摘心。根据棚空间可确定摘心时间，一般主蔓长到25片叶时即可摘心。主蔓摘心可采用“闷小尖”的办法，即植株长至架顶时，把顶端叶子沿未展开的小尖（生长点）掐去。这样做可使植株的营养损失减小。黄瓜生长中后期及时摘除基部老叶、黄叶、病叶，以利于通风透光和减轻病虫害。

(3) 落蔓 即将植株整体下落，让植株上部有一个伸展空间供继续生长结瓜，实现日光温室黄瓜的高产、高效、优质栽培。

73. 日光温室早春茬栽培中落蔓有哪些方法？应注意哪些问题?

(1) 具体落蔓方法 当黄瓜满架时，开始落蔓。落蔓时，先将瓜蔓下部的老叶和瓜摘掉，然后将瓜蔓基部的吊钩摘下，瓜蔓即从吊绳上松开，用手使其轻轻下落顺势圈放在小垄沟上的地膜上（日光温室黄瓜采用地膜栽培），瓜蔓下落到要求的高度后，将吊钩再挂在靠近地面的瓜蔓上，然后将上部茎蔓继续缠绕、理顺，尽量保持黄瓜“龙头”上齐。

(2) 落蔓应注意的问题

第一，落蔓前要将下部的叶片和黄瓜摘掉，防止落地的叶片和黄瓜发病后作为病原传播侵染其他叶片和黄瓜。

第二，黄瓜落蔓前 7～10 天最好不要浇水，要选择晴天落蔓，不要在 10 时前或浇水后进行。否则，茎蔓组织含水量偏高、缺乏韧性，容易折断或扭裂。落蔓的动作要轻，不要强拉硬拽。要顺着茎蔓的弯向引蔓下落，盘绕茎蔓时要随着茎蔓的弯向把茎蔓打弯，不要硬打弯或反向打弯，避免折断或扭裂茎蔓。瓜蔓要落到地膜上，不要落到土壤表面，更不允许将瓜蔓落入土中，以避免黄瓜茎蔓在土中生不定根后失去嫁接的意义。瓜蔓下落的高度一般在 0.5～1 米。保持有叶茎蔓距垄面 15 厘米左右，每株保持功能叶 15～20 片。具体高度应据黄瓜长势灵活掌握，若下部瓜很少或上部雄花多雌花少、瓜秧长势旺，可一次多下落些，否则可少落些。注意保证温室内植株间高度相对一致，即东西方向高度一致，南北方向是北高南低趋势。

第三，落蔓后要加强肥水管理，促发新叶。追肥方式以膜下沟冲施肥法为宜。落蔓后要加强防病管理，根据黄瓜常发病害的种类，随即选用相应的药剂喷洒防病。落蔓后的几天里，要适当提高日光温室内的温度，促进茎蔓的伤口愈合。落蔓后茎蔓下部萌发的侧枝要及时抹掉，以免与主茎争夺营养。

74. 日光温室早春茬栽培如何进行采收?

根据当地消费习惯和最大效益进行采收。一般在正常管理条件下，雌花谢后10～14天即可采收。随着以后气温升高，瓜条发育速度加快，需勤采收。

75. 黄瓜生产中急性死苗是什么原因?应如何进行防止?

当黄瓜进入开花结果期，前段长势不错的黄瓜，突然在几天之内出现急性死苗。

(1) 发生原因

① 持续阴雨雪后陡晴，逆温导致迅速死苗；

② 黄瓜进入开花结瓜期，晴天高温，放风量大，叶面蒸腾快，导致植株开始萎缩，严重失水的则整株凋枯；

③ 施肥浓度过大，特别是化肥靠近黄瓜的根茎部施用，极易灼伤死苗。

(2) 防止方法

① 控制浇水。少浇定植水，酌情浇返苗水。气温低土壤湿度大、遇上连阴雨天气，少浇或不浇返苗水。进入结瓜盛期，结合追肥，以水带肥，每10天左右浇施一次，严防一次施肥过量灼伤瓜苗。宜在晴天早晨浇水，忌午后及傍晚浇水。阴雨天不宜全棚内浇水。要小水勤浇，不能大水漫灌。

② 合理控制棚内温度。定植初期一般不通风，白天棚内保持 25～30℃，夜间保持在 12～15℃，不低于 10℃。随着瓜苗的生长，要及时调气控温。

76. 黄瓜秧苗定植后不发棵的原因及防治方法是什么?

(1) 症状　幼苗生长发育受到过度抑制，表现为幼苗矮小，叶片小、薄，颜色淡，茎细，根小，新根发生少，花芽分化不正常，开花少，定植后易出现花打顶现象。

(2) 发生原因　温度太低；长期阴天；苗期水分供应不足；养分缺乏，生长抑制过度所致。

(3) 防治措施　加强温室大棚的温度管理，晴天棚内通风的温度范围为 24～28℃，阴雨天可少开或者不开放风口；育苗畦或营养钵在种子播种前 3～5 天要浇足、浇透；施足腐熟有机肥，使幼苗快速生长，形成壮苗；喷 0.5%尿素加 0.4%磷酸二氢钾溶液。

77. 黄瓜生产中叶片出现白斑的诱发因素及防治方法是什么?

环境条件变劣时，黄瓜植株叶片上出现白斑，可根据环境条件及白斑出现位置、形状等，判断诱发因素，以便采取预防或补救措施。

(1) 低温伤害性白斑成因　大致可分为 3 种类型。

① 风害。冷风直吹温暖的黄瓜叶片，使叶片呈水浸状萎蔫，进而失绿形成白斑。叶缘受害较重，一般放风口附近的植株受害多且重。因此，放风时，要背风向放风，

放风口应从小到大，不可操之过急；也可在放风口内侧挂一块塑料膜，避冻害免冷风直吹。

② 冻害。当气温突然降到0℃以下时，叶片受冻失水出现白斑，多在气温骤降后或被大风揭膜后发生。因此，进入寒冷季节，做好防寒（风）保温措施。当受冻严重时，应毁苗重种。而轻度受冻时，应用草苫遮阴，使棚温逐渐上升，让受冻叶片缓慢解冻，并适当给植株及地面喷些清水，防止叶片脱水，同时要加强水肥管理，促进植株生长，避免再次受冻。

③ 冷害。当保护地内温度在较长时间内高于0℃，但低于黄瓜正常生长温度时，叶片上会出现黄白色褪绿斑，重者叶枯死，并伴有植株不发根、生长缓慢等症状。应找出造成低温的原因，采取多种保温措施，将保护地内温度调控到白天25～30℃，夜间10～18℃，使植株正常生长。

(2) 气体伤害性白斑成因　较常见的有以下3种。

① 肥害。当施用未腐熟的有机肥，或施用化肥过多，没有及时浇水时，易产生氨气或亚硝酸气体。氨气在施肥后3～4天时产生，使叶片上出现白色或黄白色斑块，叶尖、叶缘呈青枯状，植株中上部叶片受害较重，保护地中部重于四周，下风头重于上风头。亚硝酸气体在施肥后10～15天时产生，使植株中下部叶片的叶脉间或叶缘出现白色斑块。

② 煤害。在烧煤加温的保护地内，烧煤时产生的一氧化碳气体或亚硫酸气体，也可使黄瓜叶片褪色形成白斑，一般在炉火附近的植株受害较重。炉体安装要合理，选用优质低硫煤，加温过程要避免“倒烟”，防止有害气

体的产生。

③ 膜害。若棚膜质量差，棚膜中的有害物质在强光和高温的作用下，会产生有害气体，使黄瓜叶片的叶尖或叶缘褪绿变白。因此除了适时放风排出有害气体外，还应采取选用优质棚膜，施用完全腐熟的有机肥，追施化肥后及时浇水等措施。

(3) 高温伤害性白斑 北方地区一般在进入 4 月份后，特别是选用聚氯乙烯无滴膜棚室，常因放风不及时或放风量不够，导致棚内温度超过 40℃，相对湿度低于 80%时，黄瓜中上部叶片会出现白斑，此时应及时放风，控制棚内温度；若靠放风不能降温时，还可采用盖草苫或遮阳网来遮阳降温；必要时，适量浇水或往植株上喷水，可减轻伤害。

(4) 农药伤害性白斑 错施农药后的数小时，或 3～4 天内会出现受害症状，在叶片上会出现失绿，白斑或叶缘变白干枯现象。因此，要正确选择农药种类及用药量，避免使用劣质农药；对不熟悉的农药，应先少量使用；喷雾器要先清洁后再使用；准确配制药液浓度；喷药时喷头与植株之间保持 50～60 厘米；烟剂与植株之间保持 30 厘米。若出现药害，可及时灌水或喷淋植株，并中耕松土，酌情追施氮肥；或叶面喷施 1%糖液，促进植株生长；保护地内还应注意放风。

78. 黄瓜生产中叶片变黄如何产生？

黄瓜在生长期间，如果营养不良，管理不当，或遇不良的气候和某些病害的侵染，往往叶片变黄，影响黄瓜的生长，甚至绝收。黄瓜叶片变黄按原因分主要有缺素型黄叶、霜霉病黄叶和枯萎病黄叶三种类型，每种类型的症状及防治方法见第六章黄瓜主要病虫害诊断与防治。

79. 黄瓜生产中如何识别回头瓜？促生回头瓜增加产量的措施有哪些？

回头瓜指主蔓黄瓜采收末期，在植株中下部结的瓜，即侧枝瓜。在生产中正确识别和充分利用黄瓜结回头瓜这一特性，可促使侧蔓结瓜，有利于提高产量，增加收益。

(1) 回头瓜的识别

① 观察瓜柄基部有无小叶片。无小叶片的为主蔓瓜，有小叶片的为回头瓜。小叶片一般无叶柄，形状为三角形或剑形，大小仅几毫米至几厘米。

② 比较瓜纽的大小。黄瓜果实在植株上从下向上依次发育，一般下部瓜纽比上部的发育早，开花坐果早。回头瓜因是侧枝所生，故发生较晚，比其上方的主蔓瓜纽小。

③ 看发育状况。一般主蔓瓜子房肥大，发育良好，开花后瓜条发育快；而回头瓜因是侧枝瓜，一般子房较短，显得瘦小，瓜条短粗。

④ 看着生节位。回头瓜着生节位有两种情况：一是着生在雄花节上，本节位雄花簇生，有 10 朵以上，回头瓜着生在中间，雄花大量开放后回头瓜才开始迅速发育。二是着生在雌花节上。如果子房大小相近，通常均为主蔓瓜；如果大小差异较大，就需要再观察较小瓜纽基部有无

小叶片，有小叶片的为回头瓜，无小叶片的为主蔓瓜。

(2) 促生回头瓜增加产量的措施 在黄瓜进入结果期后，应及时补充肥水，保持植株健壮生长。在主蔓瓜生长期间，进行叶面喷肥，用0.2%的尿素加0.3%的磷酸二氢钾，5～7天喷一次，这是促生回头瓜的关键。在主蔓结瓜数量减少时，减少浇水量，一般每10～15天浇一次水。黄瓜前期以主蔓结瓜为主，对植株中上部侧蔓上的瓜，应在瓜上方留2片叶后摘心；当主蔓达到棚室顶部时，及时将主蔓摘心，促进回头瓜生长。

80. 黄瓜生产中连作地块出现严重死秧的主要原因是什么？

(1) 土壤盐化，酸化程度高 连续多年黄瓜种植，土壤元素平衡被破坏，营养元素之间的拮抗作用影响到黄瓜对某些元素的吸收；施肥不合理，加上棚内温度高，土壤蒸发和蔬菜作物蒸腾量加大，深层土壤中的盐分会沿土壤毛细管上升，在土壤表层集聚白色的盐分，即“土壤次生盐渍化”现象。同时，施用酸性及生理酸性肥料降低土壤的pH，影响黄瓜生长和品质。

(2) 土壤生物菌群比例失调，养分比例严重失衡 连年种植使得土壤中有利于作物生长的铵化菌、硝化菌、光合菌、解磷菌等有益生物受到抑制，导致土壤肥料分解和吸收受到影响，作物的抵抗能力下降；而有害微生物如镰刀菌，有害的虫子如地老虎、蛴螬迅速繁殖，病害加重。尤其在黄瓜设施栽培上表现得更为明显。

(3) 病虫害发生 连作种植，极易产生相同的病虫害，比如霜霉病、根腐病、枯萎病和白粉虱、小菜蛾、蚜虫等，都是因为连作给这些病虫害提供了赖以生存和繁殖的场所。

81. 黄瓜生产遇到冬季连续低温天气应如何进行科学管理？

黄瓜遇到连续阴雨或阴雪天气，棚室内温度低，湿度大，叶片的蒸腾作用大大减弱，根系吸收水分和无机盐能力也受到阻碍。当天气转晴后，叶片的蒸腾马上加快，根系的吸收能力在短时间内不能满足叶片光合作用的需求，往往导致瓜秧萎蔫，甚至死亡。

日光温室黄瓜秋冬茬或越冬茬栽培中，遇到连续阴雨或阴雪低温天气后，发生的大面积死秧现象，其原因并非是冻害，而是转晴后骤然遇到较强的阳光照射而死的。如遇此天气，转晴后必须采取拉揭"花苫"的措施。

82. 黄瓜生产中黄化苗形成的原因及防治措施是什么？

定植后 10～15 天，有个别苗出现生长不良，整株叶片发黄，是地温低造成的。为此地温达不到 10℃不栽，增加光照，加强中耕提高地温。施速效氮肥，叶面喷免疫型甲壳丰、巴巴金等，可慢慢缓解。

83. 黄瓜采收应遵循哪些原则？

在正常情况下，黄瓜雌花开花后 3～4 天，瓜的生长量比较小；开花后 5～6 天迅速膨大，每天瓜重增加 1 倍左右；到 10 天左右生长减慢，每天增重约 30%。正常情况下，花后 10 天就可以采瓜，但冬季早春气温较低、光照较弱，约需 15 天才能采瓜；如果遇阴天较多、室内温度低、光照弱，20 天才能采瓜。

采瓜应掌握以下原则：第一，摘瓜宜在早晨进行，以利于瓜条增重和鲜嫩喜人；第二，初瓜期，特别是根瓜宜早摘，防止缀秧，一般单瓜重 100 克左右即可采摘；第三，盛瓜期秧壮，在单瓜重约 200 克时采摘，而结瓜后期，秧子逐渐衰老，宜在单瓜重 150 克左右采摘；第四，盛瓜期宜在浇水之后采瓜；第五，秧弱时宜摘早摘小，秧壮时宜摘大瓜，秧上雌花或幼瓜多时宜摘早摘小，反之，宜摘大瓜；第六，防止漏采缀秧；第七，看市场行情采瓜，价值高时及时采收上市。

84. 黄瓜贮藏保鲜有哪些技术要求？

(1) 贮藏特性 黄瓜含水量高，采摘后其组织易脱水变糠。主要原因是受精胚在采后能继续发育成长，吸取组织中水分和养分，导致整瓜形状改变，品质明显下降。黄瓜脆嫩，易受机械伤害，特别是刺瓜类型，瓜刺易被碰脱造成伤口流出汁液，感染病菌从而腐烂。故黄瓜贮藏中的主要问题是防止变质、防止腐烂。

黄瓜贮藏适温为 10～13℃，低于 10℃ 会出现冷害，贮藏相对湿度应达 90%以上。

(2) 采收 贮藏用的黄瓜最好是采收植株中部生长的

瓜，俗称“腰瓜”，切勿采收接连地面的瓜来贮藏，因为连地瓜与泥土接触，瓜身带有许多病菌，容易腐烂，也不要采收植株顶部的结头瓜来贮藏，因为这种瓜是植株衰老枯竭时的后期瓜，瓜的内含物不足，在外形上也表现不大规则，贮藏寿命短。黄瓜采收时期应做到适时早收，要求在瓜身呈碧绿、顶芽带刺、种子尚未膨大时进行，即选直条、充实的中等成熟绿色瓜条供贮藏用。过嫩的瓜含水多，固形物少，不耐贮藏，黄色衰老的瓜商品价值差，也不宜贮藏。需要贮运时间长的商品瓜应在清晨采收，以确保瓜的质量。

(3) 采后处理与包装 黄瓜采后要对果实进行严格挑选，去除有机械伤痕、有病斑等不合格的瓜，将合格的瓜整齐地放在消毒过的干燥筐（箱）中，装筐容量不要超过总容量的 3/4，如果贮藏带刺多的瓜要用软纸包好放在筐中，以免瓜刺相互扎伤，感病腐烂。为了防止黄瓜脱水，贮藏时可采用聚乙烯薄膜袋折口作为内包装，袋内放入占瓜重约 1/30 的乙烯吸收剂，或在堆码好的包装箱底与四壁用塑料薄膜铺盖。

黄瓜贮藏中的病害主要有炭疽病、细菌性软腐病、腐霉病和根霉病等，贮存期 1 个月以上的可在入贮前用杀菌剂（如特克多）加涂膜剂（如虫胶、可溶性蜡剂）混合浸果处理，以延长保鲜期。

(4) 贮藏运输控制条件

① 温度。黄瓜的适宜贮藏温度很窄，最适温度为 10～13℃，10℃下会受冷害，15℃以上种子长大，变黄及

腐烂明显加快，有机械制冷设备的冷库是较理想的场所。

② 湿度。黄瓜很易失水变软萎蔫，要求相对湿度保持在 95%左右，可采用塑料薄膜包装，防止失水。

③ 气体。黄瓜对乙烯极为敏感，贮藏和运输时须注意避免与容易产生乙烯的果蔬（如番茄、香蕉等）混放，贮藏中用乙烯吸收剂脱除乙烯，对延缓黄瓜衰老有明显效果。黄瓜可用气调贮藏，适宜的气体组成是 O_2 和 CO_2，含量均为 2%～5%。

85. 黄瓜贮藏的常用方法都有哪些？

(1) 低温冷藏 黄瓜适宜的贮藏温度范围很窄，对低温极为敏感，10℃以下贮藏 2 天就会出现冷害，有的在低温下冷害症状不明显，但回到常温则很快腐烂。15℃以上腐烂、变黄加快。

(2) 气调贮藏 黄瓜是一种较难贮藏的果菜，易受低温冷害。气调贮藏法利用有硅窗的大型塑料薄膜帐把黄瓜密闭起来，温度为 10～13℃，采用快速降氧法，使氧和二氧化碳的含量均为 2%～5%。每千克黄瓜用 1∶5 的胶水液加 2000～4000 毫克苯莱特或甲基托布津或多菌灵液涂抹后，放入塑料薄膜帐内。在黄瓜垛内放入数块为瓜重的 1/40～1/20 浸过高锰酸钾的泡沫砖，用以消除乙烯，防止黄瓜后熟、种子老化。每隔 2～3 天充入氯气一次，每次充入量为垛内空气体积的 0.2%，以消灭帐内的有害真菌，防止烂瓜。可贮藏 45～60 天，商品瓜率 85%以上。

(3) 保鲜剂贮藏 最适温度为10～13℃，10℃以下会受冷害；相对湿度保持在95%左右，可采用塑料薄膜包装；黄瓜对乙烯极为敏感，贮藏和运输时须注意避免与容易产生乙烯的果蔬共同存放。

第六章

黄瓜主要病虫害诊断及防治

1. 黄瓜花打顶的发生原因及防治方法是什么？

(1) 症状 黄瓜生长点附近的节间缩短，形成雌雄杂合的花簇状。瓜秧顶端不能生成心叶，呈现花抱头。

(2) 发生原因

① 伤根或不发根引起花打顶。黄瓜伤根可能是定植时沟穴施肥量大，肥料未腐熟或没有与土充分混匀造成；也可能是地温高浇水不及时，新根没有萌出，或地温低浇水大造成沤根；还可能是温室保温性能不好，或者遭遇低温连阴雾天，低地温造成寒根或者沤根；也可能是定植移苗时或管理过程中，根系受到机械损伤，又没有及时采取补救措施；还可能是根系生理性衰老后处理不及时或不当造成的。

② 肥害或药害引起花打顶。一次施肥过多（尤其是

过磷酸钙）或喷洒农药对黄瓜产生较重的药害或抑制作用。

另外，干旱缺水，肥料严重不足；温度低，特别是夜温过低等都会造成花打顶出现。花打顶说到底是生殖生长过盛，营养生长受到严重抑制的结果。

(3) 防治方法

① 采用5毫克/升萘乙酸水溶液和1.8%的复硝酚钠水剂（爱多收）3000倍混合液，或其他具有明显促根壮根的药剂和肥料进行灌根，刺激新根加速发生。

② 摘除植株上可以见到的全部大小瓜纽和雌花，对植株实行最彻底的减负。

③ 对植株喷用天然芸苔素（云大-120）、科资891、动力2003、三十烷醇等促进茎叶快速生长的激素或复合叶肥。

④ 追用速效氮肥（硝酸铵钙、硝酸磷钾肥），浇水后封闭棚室全力提高温度，同时要保持比平日更高些的夜温。一般经过7～10天即可基本恢复，其间可酌情浇1次水，以后则可逐渐转入正常管理。

2. 黄瓜化瓜的发生原因及防治方法是什么?

化瓜是黄瓜生产中普遍存在的问题，直接影响黄瓜的产量和产值。特别是棚室栽培，如果管理不当，化瓜率可高达30%～60%。

(1) 症状 雌花或幼瓜不能正常生长发育，逐渐变黄而萎缩干枯。

(2) 发生原因 化瓜发生的原因很多，连续阴天低温，放风不及时，水肥供应不足，高温，氮素肥料供应过剩，黄瓜徒长，底部瓜对上部瓜的影响，病害为害叶片，害虫吸取黄瓜汁液都会引起化瓜。

(3) 防治方法 对于高温引起的化瓜，在栽培上应加强放风管理，白天当温室温度高达25℃时便开始通风，夜间在温室温度不低于15℃的前提下，尽可能地延迟闭风时间。由密度过大引起的化瓜，根据黄瓜品种确定合理的密度，每亩种植3000～3300株。因为连续阴天低温引起的化瓜，采取叶面喷肥（1%磷酸二氢钙＋1%葡萄糖＋1%尿素），适当放风等措施，可以得到一定的缓解。由于气体浓度引起的化瓜，在温室中进行二氧化碳施肥，能提高产量18%以上。因水肥引起的化瓜，在栽培上要合理浇水施肥，才能夺取高产。因底部瓜不及时采收引起的化瓜，要及时采收。因病虫害引起的化瓜，在黄瓜生长期间，应搞好病虫害的防治，以便获得较高的产量和经济效益。

3. 黄瓜畸形瓜的发生原因及防治方法是什么？

(1) 症状 黄瓜瓜条通常为圆棒状，上下粗细均匀，形状周正，顶端略尖。而生产中常出现各种各样的畸形瓜，如弯曲瓜、小头瓜、大头瓜、蜂腰瓜、肩形瓜、短形瓜、双体瓜等，严重影响产量和售价。

(2) 发生原因

① 弯曲瓜。多数由于花芽分化后营养条件差，在蕾

期就已弯曲，膨大后必为弯瓜。另外，在果实膨大过程中，有些是卷须缠绕或蔓、架等机械阻挡而造成的。种植过密，通风透光不良、水不足也容易产生弯瓜。

② 大肚瓜与尖嘴瓜。受精不完全或营养不良所致。仅仅果实的顶受精而形成种子，使得顶端部分膨大而形成大肚瓜，多发生在根瓜或梢部瓜。若果实中部至顶端没形成种子，由于营养不良，这个部位膨大受阻便形成尖嘴瓜。

③ 蜂腰瓜。瓜形似马蜂，两头粗中间细，变细部分的果肉常龟裂，而果心部分产生空洞、发脆。在高温干旱期，生长势一旦减弱，容易产生蜂腰瓜，也与缺硼和缺钾有关。

④ 瘦肩瓜。果梗变得特别短，肩部变得瘦而长如瓶状的畸形瓜。营养过剩而过分偏向于结瓜生长的生理状态易引起此类瓜产生。这种生理状态在摘心后更容易发生。

⑤ 钩子瓜。瓜先端弯曲如钩。主要是由于养分集中到茎叶中去而不能充分供应给果实，或因病虫害影响植株生长所致。

(3) 防治方法

① 主要根据不同的栽培季节和栽培设施合理选用抗病、高产、不易早衰的品种，如新泰密刺、长春密刺、中农5号等。

② 根据黄瓜的生长发育需要进行调整，避免温度低于13℃或长期高于30℃，结瓜期适宜温度白天28～30℃，夜间18～20℃；湿度尽量保持稳定，避免生理干旱的发生；合理密植，做到通风透光，棚室要经常擦拭棚膜，保

持清洁，增强光照；黄瓜整个生长发育时期需水量较大，尤其是结瓜盛期，因此要及时补充足额的水分，但要避免土壤水分忽高忽低，波动太大。

③ 按氮、磷、钾 5∶2∶6 比例施用，防止偏施氮肥引起植株旺长、营养失调，同时要配合喷施磷酸二氢钾等叶面肥料，这样能够及时快速补充营养。

④ 防止卷须、架材、茎叶阻挡等机械原因引起的畸形瓜，及时发现及时调整。

⑤ 发现畸形瓜及早摘除，减少养分消耗。

4. 黄瓜苦味瓜的发生原因及防治方法是什么？

(1) 症状　从外观上看，苦味瓜与正常的商品黄瓜一样，但生食时口感涩麻味苦，熟食与正常黄瓜无异。

(2) 发生原因

① 磷、钾肥不足而氮素过多。黄瓜对氮、磷、钾吸收的比例基本上是 5∶2∶6，否则就会出现生育不平衡，特别是氮肥突然过量，就会造成植株徒长，或出现坐果不齐，侧枝上和弱枝上结的瓜有苦味。

② 地温低于 13℃，细胞透过性降低，导致对养分和水分的吸收受到抑制，结的瓜也有苦味。

③ 叶色深绿、瓜形较粗短的品种易出现苦味瓜，这与遗传有关。

④ 棚温高于 30℃ 的持续时间过长，导致同化能力减弱，养分消耗过多，又遇干燥条件，易导致口感味苦涩麻。

(3) 防治方法

① 选用抗病品种。目前津杂2号、4号或者津研4号均可选用。

② 加强温室的生态管理。水分：浇水的原则是棚土手握成团则可不浇。浇水应做到见湿见干。温湿调控：结合浇水、锄草等农业措施，再上下调整放风口，使上午温度25～30℃，相对湿度保持在75%。平衡施肥：按作物各生育期所需养分，在基肥中每亩普施50千克的过磷酸钙，或50千克磷酸二铵条施于定植沟中，在盛花期遵循氮、磷、钾（5∶2∶6）的比例施肥，生育后期采取叶面喷施磷酸二氢钾，保持功能叶的光合作用，防止苦味产生。

5. 黄瓜生理性萎蔫的发生原因及防治方法是什么？

(1) 症状 黄瓜生理性萎蔫主要发生在采瓜初期至盛期（1月中下旬和2月上旬），当植株长到1.4～1.7米时，在温室内出现不规则的生理性病株，有时在晴天中午，突然出现急性萎蔫症状，到晚上又逐渐恢复，这样反复数日后，植株不能再复原而枯死。从外观上，看不出异常现象，每天死亡十几株到几十株，给生产带来了较大的损失。

(2) 发生原因

① 大水漫灌：灌水后土壤含水量过高，土壤内空气缺少，在嫌气条件下，土壤中产生有毒物质，使根部中毒和缺氧窒息导致发病。

② 低温：长期低温后，天气突然转好，气温比地温升得快，导致叶片蒸腾速度快而失水萎蔫。

(3) 防治方法　黄瓜定植前15～20天浇足底墒水。经15～20天的水分散失，使土壤达到深、透、细、平、实。黄瓜定植后立即浇水，如果局部浇水不均匀，可在地膜下，浇一遍小水，有利于黄瓜缓苗。缓苗后注意蹲苗，控制浇水，促进根系生长，一般情况下，当黄瓜根瓜长到10厘米时开始浇水，保持土壤内透气性良好。

6. 黄瓜低温危害的症状及防治方法是什么？

黄瓜喜温不耐寒，在深秋、严冬至早春季节，常因严寒、寒流或早霜、晚霜等而遭受寒害或冻害。黄瓜在0～3℃常遭受寒害，在0℃以下常遭受冻害。不论是寒害还是冻害，都会给黄瓜栽培带来巨大损失。

(1) 症状

① 冻害。通常是突发性的，短时间的0℃以下低温，使黄瓜植株受冻，受冻的叶片和茎初显水渍状，然后全株茎叶迅速干枯死亡，轻者生长点能恢复，但生长缓慢，生育延迟。温室育苗时，若突然开风口，会使叶片受冻变白(即闪苗)。

② 寒害。寒害发生较缓慢，需要较长时间的持续低温。黄瓜根系在地温12℃以下不能产生根毛，10℃以下根系不能伸长。因此，地温长期持续过低，会使新根不发，老根迅速衰老发黄发锈，甚至死亡（即寒根）。地上部子叶或真叶会逐渐干枯，最终导致死苗。即使地温回升后，

植株能缓慢恢复生长，其生长速度也远不如未受低温影响的植株。棚室内久阴乍晴，会因温度低发生寒根而使地上部萎蔫死亡。短期气温过低，叶片向下卷成瓢形或匙形；长期气温过低会发生寒害，叶片出现褪绿白斑，呈现缓慢花打顶现象，导致花芽畸形、畸形瓜较多。

(2) 防治方法

① 选用耐寒能力强的品种。如新泰密刺、山东密刺、津春 3 号、津优 3 号、中农 7 号、中农 13 号等。

② 避开霜冻期。露地春茬、春地膜覆盖、露地秋茬为防晚霜和早霜危害，应安排在无霜期内生产；棚室生产，包括春提早、秋延迟和冬茬生产，都要依棚室的结构性能安排定植期，盖膜期和上苫期要加强防寒保温工作。如冀中南地区，日光温室冬春茬黄瓜通常在 2 月上旬至 3 月上旬定植（10 厘米地温稳定在 12℃以上）、大棚春早熟黄瓜一般在 3 月中下旬定植，大棚或日光温室秋延迟黄瓜宜在 9 月下旬至 10 月初及时盖膜，10 月底及时上草苫保温防寒。

③ 培育壮苗或嫁接育苗，增强植株抗寒能力。加强苗床的温、光、水、肥、气、病等的管理工作，嫁接苗比自根苗的整体抗寒能力强。

④ 低温锻炼。低温锻炼可增强植株的抗寒能力。有种子冰冻处理和变温催芽、幼芽低温锻炼以及定植前低温炼苗 3 种方法。

⑤ 加强设施保护能力抵御寒流。棚室内外采用多层覆盖、临时生火加温等措施抵御寒流。如日光温室严冬季节盖双苫或单苫下加盖纸被、棉被、无纺布等，室内采用

小拱棚、地膜、天幕、前底脚挂薄膜围裙等措施，均可明显增温保温防寒防冻。

⑥ 注意天气预报和天气变化。掌握棚室内外晚上 8～10 时和早晨 5～7 时的温度变化规律，采取相应保温防寒防冻措施。

⑦ 提早蓄热抵御寒流。早春大棚、中棚、日光温室要提早 1 个月左右盖膜暖地、化冻，贮蓄热量，增加地温，促进发根壮秧，增强抗寒能力。

⑧ 采取缓解补救措施。针对冻害危害程度采取不同减灾措施。如果凌晨发现叶片受冻害，植株顶部未受冻害，可在太阳出来前开棚通风，不揭苫，也不要揭开小拱棚膜，使棚内温度在日出后缓慢回升，并喷洒 0.3%葡萄糖加 0.2%丙三醇（甘油）以减缓水分散失，减轻受害程度。缓苗活棵后，适量追肥浇水促进发棵。恢复缓解冻害过程中，千万不要突然升温。如果冻害严重，植株枯死，应待天气好转后及时补栽或复栽。

7. 黄瓜“戴帽”现象的发生原因及防治方法是什么？

(1) 症状 幼苗出土后种皮不脱落，而是夹住黄瓜 1 片或 2 片子叶。

(2) 发生原因 播种时覆土过浅，床面湿度不够，种皮干燥，种子成熟度不好、活力弱等。黄瓜“戴帽”现象影响子叶光合作用，不利于壮苗培育。

(3) 防治方法 播种前浇足底水，覆土适当。一般厚 1.5～2.0 厘米。播种覆土后扣地膜保湿，床面干燥适当喷水。

8. 黄瓜肥害与棚室土壤次生盐渍化的发生原因及防治方法是什么？

(1) 肥害 施有机肥特别是鸡粪及磷钾复合肥过多，苗床或定植沟含肥浓度过高，造成苗床幼苗心叶黄化或栽植床植株叶色浓绿、叶片加厚、不发棵，还可能诱发缺素症，如缺铁、缺硼等。另外，有机肥不腐熟或沟施磷钾肥过多，还会造成烧根死苗。

(2) 棚室土壤次生盐渍化 黄瓜喜肥，新建日光温室或大棚前茬为大田作物，应增施有机肥培养土壤肥力，还要适时适量追肥。多年种植蔬菜的日光温室或大棚，往往由于连年大量施入化肥，加上棚内高温促进地表水分大量蒸发，造成土壤矿质营养随毛细管水分上升累积于土壤表层，加上棚膜周年覆盖，室内土壤不受雨水冲淋，常发生土壤次生盐渍化。这不仅影响根系生长和水分、养分的吸收，还会因元素拮抗作用诱发缺素症，如缺镁、缺钙、缺硼等，植株矮小不发棵；根系不下扎而聚集在主根周围；叶片小，叶色暗绿无光泽；开花结果少，瓜小，畸形瓜多，产量明显下降，严重时瓜秧萎蔫。棚室土壤发生次生盐渍化后，若撤棚改为露地种植，其盐渍障害会更明显。

(3) 防治方法 一是更换土壤。二是深翻土壤，并结合增施有机肥提高其缓冲能力。三是大量灌水压盐或是在夏季休闲期揭膜，让雨水冲淋压盐。四是用黑籽南瓜嫁接黄瓜，提高耐盐能力，减轻或避免盐害。五是棚室内地膜覆盖可明显抑制地表蒸发，可起到一定的抑盐作用。六是轮作倒茬，在棚室内改种茄子、番茄、芹菜等耐盐能力较强的蔬菜。七是施用化肥要注意适量。

9. 黄瓜缺素症的发生原因及防治方法是什么？

（1）症状　首先表现在叶片上。缺钙症主要表现为上位叶叶缘变黄褐色，叶脉间黄化，逐渐枯死；缺硼症表现为上位叶心叶变褐萎缩，叶脉间不黄化；缺铁症表现为上位叶叶脉间黄白化，逐渐全叶黄化；缺硫症表现为中位叶至上位叶黄化；缺锌症表现为中位叶叶脉间黄化，叶缘由黄色变成褐色；缺镁症表现为由下位叶至中位叶叶脉间黄化，叶缘部分绿色；缺钾症表现为中下位叶叶缘开始黄化，逐渐变为黄褐色；缺磷症多发生在低温期，叶色浓绿、叶小而且硬化；缺氮症表现为从下位叶开始发生脉间黄化，逐渐扩展到全叶黄化，进一步中上位叶也逐渐出现黄化。

（2）发生原因　可能是土壤缺素造成，多数情况是由于地温低、土壤干旱或渍水（缺氧）、土壤多氮或多钾、土壤酸性过重（导致缺钙）或土壤过碱（导致缺锌）等因素影响根系对矿质元素的正常吸收。

（3）防治方法　发现缺素症后应及时对土壤施用或叶面喷施相应的营养元素。硼砂为0.1%～0.2%，氯化钙为0.3%，硫酸亚铁为0.1%～0.5%，柠檬酸铁为0.01%，硫酸锌为0.1%～0.2%，硫酸镁为1%～2%，磷酸二氢钾为0.2%～0.3%，尿素为0.2%～0.5%。

10. 黄瓜烧根的发生原因及防治方法是什么？

(1) 症状 根发育不良，根少，根颜色变浅褐色或褐色。

(2) 发生原因 育苗床内肥料过多或使用未充分腐熟的有机肥，土壤浓度过高所致。

(3) 预防、防治方法 育苗床施肥要适量；苗床土和肥料要掺匀；使用充分腐熟的有机肥；追肥一次不要过量；如发生烧根，可适当浇水，缓解土壤浓度。

11. 黄瓜沤根的发生原因及防治方法是什么？

(1) 症状 幼苗叶片变黄或萎蔫或叶缘焦枯，生长停止或缓慢。拔起病苗可见根表皮为锈褐色，逐渐腐烂，不发新根或新根很少。

(2) 发生原因 幼苗沤根是苗床土壤水分经常处于饱和状态，湿度过大，缺少空气造成的。低温高湿是沤根的根本原因。

(3) 防治方法 加强苗床管理，控制苗床浇水量，防止大水漫灌。选择温度较高的天气通风透气，降低苗床湿度。在冬季和早春，做好保温工作，防止冷风和低温，培育壮苗，提高幼苗抗病力。

12. 黄瓜“缩头”的发生原因及防治方法是什么？

(1) 症状 生长点下弯、生长停滞，龙头萎缩，菜农俗称“缩头”。该病前期的症状表现在植株的上部，出现花打顶现象，如果再遇上低温天气，可致生长点萎缩、停止生长或向下弯曲，一侧叶片的叶柄高于生长点。一般在低温条件下和结瓜高峰期出现。

(2) 发生原因

① 地温低、根系受寒。在低温季节，尤其是在阴雪天气地温低，根系活力差，吸收水分、养分的能力有限，不能满足植株的正常生长需要。

② 营养生长和生殖生长不平衡。在低温期，黄瓜植株长势弱，而正值结瓜的高峰期，容易出现生殖生长和营养生长的失调，出现生长点萎缩，生长停滞的症状。

(3) 防治方法

① 养护好植株的根系，在低温期，加强根系的管理，多冲施腐植酸类肥料，保护好根系，促进根系的正常生长。

② 加强植株调整，根据植株的长势，适时疏花疏果，清除下部老叶，在减少养分消耗的同时还可以降低病害的发生。

③ 出现花打顶症状以后，用丰收一号加云大-120进行叶面喷施，同时用丰收一号和生根壮苗剂1.8％的复硝酚钠（爱多收）进行灌根。

13. 黄瓜“泡泡病”的发生原因及防治方法是什么？

“泡泡病”是主要发生在大棚、温室里的一种生理性病害。由于其为害程度较低，易被忽视，因此给生产带来一定影响。

(1) 症状 发病初叶片产生5毫米左右的鼓泡，鼓泡多发生在叶片正面，背面极少发生。叶面凹凸不平，凹陷处呈白毯状，刮之无附生物。泡顶部初呈褪绿色，逐渐变黄，最后呈灰黄色。

(2) 发生原因 此病主要是低温、光照少造成的。黄瓜生长前期温度低，光照不良，后天气突然转晴，温度上升快浇大水，低温天气减少浇水等情况下易发生。此外也与品种抗性有关，对低温、光照少不适应的品种易发生此病。

(3) 防治措施

① 经常对棚室上的塑料膜、玻璃进行清尘。

② 选择耐弱光的优良品种进行栽培。如“津杂2号”“农大14”。

③ 加强增温、保温措施。以防低温冷冻。

④ 合理灌水。阴天低温不应减少灌水，晴天升温避免浇大水。灌水应避免大起大落。一般灌水时间应选在晴天上午进行。

⑤ 加强栽培管理，以提高植株抗逆性。

⑥ 黄瓜定植时增施底肥，注重多种元素的配合，根据气温变化，适时保温、增温。及时防治病虫害。

14. 黄瓜猝倒病的发病规律及防治方法是什么？

(1) 症状 苗期露出土表的胚茎基部或中部呈水浸

状，后变成黄褐色而枯缩为线状，往往子叶尚未凋萎，幼苗即突然猝倒，致幼苗贴伏地面，有时瓜苗出土胚轴和子叶已普遍腐烂，变褐枯死。湿度大时，病株附近长出白色棉絮状菌丝。

(2) 发病规律 猝倒病是黄瓜苗期较常发生且受害较严重的病害。春季遇倒春寒，天气阴冷、潮湿、多雨，瓜苗常大片受害死亡。夏、秋季若遇暴风暴雨，也可使成片瓜苗倒伏死亡。

(3) 防治方法

① 苗床消毒。在重茬地或旧苗床育苗时，要进行土壤消毒，可用25%甲霜灵可湿性粉剂，按床苗面积用4～5克/米^2，掺细土4～5千克拌匀。施药土时先要浇足底水，水渗下后将1/3的药土撒施于苗床表面，剩下的2/3药土撒施于播种后的种子上面。要注意畦面表土保持湿润，撒药土要均匀，以免发生药害。

② 加强苗床管理。调节苗床温度，白天20～30℃，夜间15～18℃，注意在提高地温的同时，要降低土壤的湿度，防止湿度过大。苗床保温与防风协调进行，增加光照，培育壮苗。

发现病秧及时喷药灌药防治，防止病害蔓延。常选用25%甲霜灵可湿性粉剂1000倍液，或72%霜霉威盐酸盐水剂（普力克）500～800倍液或50%多菌灵可湿性粉剂500倍液，或75%百菌清可湿性粉剂1000倍液，或15%噁霉灵水剂1000倍液等喷灌茎基部，一般使用1～2次，间隔4～6天。

15. 黄瓜立枯病的发病规律及防治方法是什么？

(1) 症状 苗床内，开始时个别幼苗白天萎蔫，夜间恢复，经几天反复后，病株萎蔫枯死，但不折倒。病株茎基部产生暗褐色椭圆形病斑，病斑逐渐凹陷并扩大绕茎一周。病斑有轮纹和淡褐色蛛丝状霉。病株直立枯死不折倒（不同于猝倒病）。病程进展缓慢，而猝倒病发展迅速。本病多在育苗后期、床温较高时发生。

(2) 发病规律 病菌腐生性较强，在土壤中可存活2～3年。病菌主要以菌核越冬，通过水流、农具或带菌的有机肥传播。幼苗徒长发黄时，若苗床温度较高、湿度较大，易受侵害。

(3) 防治方法 同猝倒病。

16. 黄瓜霜霉病的发病规律及防治方法是什么？

(1) 症状 从幼苗到成株均可发生，主要为害叶片，有时茎、卷须及花梗也会受害。幼苗期子叶感病时，在子叶正面产生不规则形的褪绿枯黄斑。潮湿时，叶背产生灰黑色霉层，病情进一步发展，子叶变黄干枯。在潮湿条件下，病部背面形成紫褐色或黑褐色不规则形病斑，表面长有霜霉，严重时，病斑相互融合，叶片变成深褐色，边缘向上卷起，露地黄瓜瓜秧自下而上干枯、死亡。

(2) 发病规律 霜霉病的发病部位在黄瓜中部和上部叶片，在田间观察时应掌握以下要点：每天上午8时左右，看叶背面是否有水浸状或多角形病斑，病斑上是否有灰霉层，若具备这几点可确诊为霜霉病。适宜发病的环境温度为 16～22℃，相对湿度在 83%以上。

(3) 防治方法

① 加强栽培管理，培育无病壮苗，定植剔除病、弱苗，增施农家肥和磷肥、钾肥，适时通风排湿，忌大水漫灌。

② 高温闷棚。在晴天中午闭棚 2 小时，使植株生长点附近温度升至 45℃，然后通风降温。处理 1 次可控病7～10 天。闷棚时要求棚内湿度高，必要时可在前 1 天浇 1 次水。另外，要根据品种及植株耐温性确定是否进行高温处理。

③ 药剂防治。烟熏法：首次烟熏一般在结瓜期发病前进行。用 45%百菌清烟剂按棚室面积每亩用药量为 200～250 克，傍晚时将药剂分放在棚内 4～5 处，由里向外逐次发烟，密闭棚室，翌日清晨通风，可照常田间作业。隔 7～10 天熏 1 次。喷雾法：用 70%乙铝·锰锌可湿性粉剂 500 倍液，40%多·硫悬浮剂 600 倍液，25%甲霜灵可湿性粉剂 500～600 倍液，25%甲霜灵可湿性粉剂 500～600 倍液，7～8 天喷 1 次，视病情确定喷药次数。也可用甲霜·锰锌灌根，用 35%甲霜·锰锌 2000～4000 倍液灌，在黄瓜根的土中，每株灌药 100 克，每隔 15 天灌 1 次，共灌 2 次。

17. 黄瓜白粉病的发病规律及防治方法是什么？

黄瓜白粉病俗称白毛，全国各地普遍发生。该病在全生育期都可危害，以中、后期发病较重，是黄瓜的主要病害之一。

(1) 症状 此病主要危害叶片，病情严重时可遍及叶柄、茎蔓等，果实受害少。发病初期，叶片正面或背面产生白色近圆形的星状小粉斑，以叶面为多，环境适宜时，逐渐扩大成边缘不明显的连片白粉斑，严重时，布满整个叶片。发病后期，白粉逐渐变为灰白色，叶片干枯。叶柄和茎上病斑与叶片相似，只是白粉量少。发病后期，在不良的环境下，衰老叶片的白粉层里或表面上产生成堆的黄褐色至黑色小粒点，即病菌的闭囊壳。

(2) 发病规律 病菌在北方以闭囊壳于土壤里的病株残体上或保护地的黄瓜上过冬；而南方病菌以菌丝体或分生孢子在寄主上越冬、越夏，成为翌年的初侵染源。在条件适宜时子囊孢子在寄主表面萌发产生吸器，伸入寄主表皮细胞进行危害。病部产生的分生孢子，借气流和雨水传播。由于病菌繁殖速度极快，可在短期内引起病害流行。白粉病病菌喜温暖潮湿、耐干燥。白粉病在10～25℃都能发生。在塑料棚和温室内，白粉病能否流行，取决于湿度和寄主长势。一般湿度大，有利于白粉病流行。常常是在高温高湿与高温干旱下交替出现，植株长势弱时，发病较重。保护地湿度较大，空气不流通，适于白粉病的发生。光照不足，管理粗放，施肥浇水不当，通风不良，植株徒长、早衰，天气闷热或温度忽高忽低，白粉病发生严重。棚室黄瓜一般在3～6月份最易发病。

(3) 防治方法

① 选用抗病品种，加强管理。不同黄瓜品种对白粉

病的抗病性有差异，应因地制宜地选用抗病品种。

② 棚室消毒。定植前 2～3 天，每 100 立方米棚室用硫黄粉 250 克与 500 克锯末混匀，分别装入小塑料袋或盛在小花盆里，分放室内几处，于傍晚密闭棚室，用暗火点燃熏 1 夜。熏蒸时，棚室内的温度最好能保持在 20℃左右。黄瓜生长期慎用硫黄熏蒸，以防止发生药害。此外，可以使用 45％百菌清烟剂，每亩 50 克，分别放在棚室内 4～5 处，于傍晚点燃熏蒸。

③ 加强田间管理。施足底肥，增施磷钾肥，培育壮苗，增强植株抗病能力。棚室内的管理主要是注意通风透光，降低湿度，保持适宜的温度。浇水宜在晴天上午进行，做到阴天不浇水，晴天多通风。

④ 药剂防治。在发病前或发病初期，采用 27％高脂膜乳剂80～100 倍液喷布叶片，在叶面上形成 1 层薄膜，阻止病菌侵入，还可造成缺氧条件使白粉菌死亡。一般隔 6～7 天喷 1 次，连续喷2～3 次。也可选用 15％三唑酮可湿性粉剂 1500 倍液，或 20％三唑酮乳油 2000～3000 倍液，50％硫黄悬浮剂 300～400 倍液，每隔 10～15 天喷 1 次。保护地黄瓜用 45％百菌清烟剂安全型，每亩 250 克，分布多点，点燃密闭烟熏。

18. 黄瓜枯萎病的发病规律及防治方法是什么？

黄瓜枯萎病又叫萎蔫病、蔓割病，俗称“死秧”。我国各地都有发生。一般温室和大棚黄瓜比露地黄瓜发病重。

(1) 症状 幼苗期到成株期均可发病。一般在开花结瓜后于田间陆续出现病株。苗期发病，幼苗萎蔫，茎基部变褐收缩，发生猝倒现象。潮湿时，茎基部产生白色至粉红色霉层。成株期发病，初期叶片自下而上似失水状，白天萎蔫，早晚恢复，3～4 天后整株或部分枝蔓萎蔫，不再恢复常态，整株逐渐枯死。病株蔓基部褐色，稍收缩。随着病情加重，近基部茎蔓常纵裂，有时流出似松脂状的胶质物，干后呈胶粒状。潮湿时，病部布满白色至粉红色霉状物。剖视病茎蔓，可见维管束呈黄褐色至褐色。

(2) 发病规律 病菌可以以菌丝体潜伏在种皮内，又可以以菌丝体、菌核和厚垣孢子随病残体在土壤中越冬。当无寄主时，病菌还可在土壤中营 5～6 年的腐生生活。病菌从黄瓜根部和茎部的伤口或直接从根毛顶端细胞间隙侵入，在维管束组织中发育并扩展蔓延，危害维管束及其附近组织，并产生毒素，引起植株萎蔫、枯死。该病在田间主要通过带菌的土壤和流水蔓延。发病最适温度为 20～25℃，空气相对湿度 90%以上。因此，阴雨天发病偏重。土壤潮湿、黏重、微酸、排水不良、多年连作、偏施氮肥等情况均易发病。

(3) 防治方法

① 选用抗病品种，加强管理。与其他蔬菜实行 3～5 年轮作，使用腐熟肥料，及时追肥，合理灌水。

② 嫁接防病。选择云南黑籽南瓜或南砧 1 号作砧木，取计划选用的黄瓜品种作接穗，采用靠接或插接法。

③ 药剂防治。定植时每亩用 50%多菌灵可湿性粉剂 4～5 千克拌细土撒入定植穴内。发病初期药液灌根可选

用50%多菌灵可湿性粉剂500倍液，40%多菌灵胶悬剂或50%甲基硫菌灵可湿性粉剂400倍液，每株灌药0.3～0.5升，7～10天灌1次，连灌2～3次。

19. 黄瓜疫病的发病规律及防治方法是什么？

黄瓜疫病俗称死藤，各地都有发生。南方春黄瓜、北方夏秋黄瓜发病率较高，常年发病率10%左右，严重时超过50%。

(1) 症状　苗期至成株期均可染病，主要危害茎基部、叶及果实。幼苗发病多始于嫩尖，初呈暗绿色水渍状，逐渐萎蔫。成株发病主要在茎基部或嫩茎节部，出现暗绿色水渍状斑，后变软，显著收缩，病部以上叶片萎蔫或全株枯死。叶片上产生圆形或不规则形水渍状大斑，边缘不明显，扩展迅速，干时呈青白色，易破裂，扩至叶柄时，叶下垂。瓜条或其他部位受害，初为水渍状暗绿斑，逐渐缢缩凹陷，潮湿时表面长出稀疏白霉。

(2) 发病规律　该病为土传病害。以菌丝体、卵孢子及厚垣孢子随病残体在土壤或粪肥中越冬。条件适宜时，长出孢子囊，随风、雨和灌溉水传播。侵染发病后，产生大量孢子囊，借气流传播，进行再侵染，使病害迅速扩展蔓延。高温高湿有利于发病。且病害潜育期短，仅有3～4天，病害发展极为迅速，危害严重。浇水过勤发病重，连作地易发病。

(3) 防治方法

① 选用抗病品种。根据地方适应性，适当选种。但

大多抗疫病的品种，易感染霜霉病和白粉病。

② 种子和苗床处理。用25%甲霜灵可湿性粉剂，或72.2%霜霉威水剂800倍液浸种；用25%甲霜灵可湿性粉剂，每平方米撒药8克，或配成50倍液喷淋苗床。

③ 加强栽培管理。与非瓜类作物实行3年以上轮作；采用嫁接苗，实行地膜覆盖，以减少病菌侵染机会；前期控制浇水，结瓜后小水勤浇；发现病株及时拔除深埋。

④ 药剂防治。发病初期，喷洒或浇灌70%三乙膦酸铝可湿性粉剂500倍液，或72.2%霜霉威水剂600～700倍液，或58%甲霜·锰锌可湿性粉剂500倍液，或64%噁霜·锰锌可湿性粉剂500倍液，或72%代森锰锌可湿性粉剂600倍液。每7～10天喷灌1次，连续喷灌3～4次。

20. 黄瓜细菌性角斑病的发病规律及防治方法是什么？

黄瓜细菌性角斑病，各地普遍发生，是我国黄瓜的一种重要病害。该病易与霜霉病混淆，而延误防治适期。

(1) 症状 主要发生在叶片上，叶柄、卷须也可染病，果实发病不常见。幼苗多在子叶上出现水渍状圆病斑，稍凹陷，变褐枯死。成株叶片发病，最初产生水渍状小斑点，病点扩大因受叶脉限制，形成多角形黄色病斑，潮湿时病斑外围具有明显水渍状圈，并产生白色菌脓，干燥时病斑干裂、穿孔。瓜条和茎蔓病斑初期也是水渍状，后出现溃疡或裂口，并有菌脓溢出，病部干枯后呈乳白色并有裂纹。瓜条病斑向深部腐烂直至种子上，引起种子感染和带菌。

(2) 发病规律　细菌病害。病原菌随黄瓜病残体在土壤中或附着在种子表皮上越冬。环境条件适宜时，病菌被雨水溅到叶片和茎上，从气孔、水孔、皮孔等自然孔口和伤口侵入；播种带菌的种子，种子萌发后立即侵染子叶，引起发病。病菌在叶片上产生菌脓，通过风、雨以及昆虫和农事操作等途径传播，进行重复侵染。发病的适宜温度为24～28℃，相对湿度为70%以上。温暖、低洼潮湿、重茬地，发病严重。在大棚中，病菌可借棚顶的大量水珠下落，或结露水滴落、飞溅传播蔓延。昼夜温差大，结露重且持续时间长，有利于发病。

(3) 防治方法

① 选取无毒种子，进行种子消毒。选播无病种子和种子消毒，可有效地减轻危害。种子消毒用氯霉素500倍液或硫酸链霉素100万单位500倍液浸种2小时，或农用链霉素200毫克/千克浸种30分钟，取出后催芽播种。

② 加强栽培管理。无菌土育苗，与非瓜类蔬菜间隔2～3年以上轮作，移植时施足底肥，增施磷钾肥，深翻土地，避雨栽培，清洁田园，保护地放风降湿等，均有控制发病的作用。

③ 药剂防治。发病初期，每亩可选用50%琥胶肥酸铜杀菌剂500倍液，72%农用链霉素可溶粉剂4000倍液，77%氢氧化铜可湿性粉剂500倍液，50%甲霜铜可湿性粉剂600倍液喷洒，每7～10天喷1次，视病情喷洒2～3次。

21. 黄瓜炭疽病的发病规律及防治方法是什么？

（1）症状 黄瓜各生育阶段都可发病，危害不同部位。幼苗染病后，茎基部缢缩，表皮由黄变褐，有时子叶上还产生红褐色圆形或半圆形病斑，最后幼苗倒伏死亡。叶片发病，病斑近圆形、褪绿，后为黄褐色或红褐色。后期叶片上的病斑易破裂，形成穿孔。茎部发病，产生长椭圆形或梭形病斑，稍凹陷，具红褐色边缘。瓜条发病，多产生红褐色圆形的凹陷斑，病斑上有黑色小粒点。潮湿时，病斑上溢出粉红色黏状物，即病菌的分生孢子角。

（2）发病规律 病菌以菌丝、拟菌核在种子上或随病残体在土壤中越冬，也可在保护地内越冬。在适宜条件下，病菌产生分生孢子，靠流水、雨水及人和昆虫的活动传播，侵染危害。潜伏在种子上的菌丝体，也可直接侵入子叶，使幼苗发病。该病在10～30℃条件下均可发生，但发病的最适温度是24℃。湿度是影响该病发生的重要因素。在适宜的温度条件下，湿度越大发病越重。当空气湿度在87%～98%、温度为24℃时，3天后即可发病。温度高于30℃或低于10℃病情发展缓慢。因此，地势低洼，排水不良，氮肥过多，密度过大，保护地放风不及时，露地连茬和雨季等，均有利于病菌侵染、发病。

（3）防治方法

① 种子消毒，种子用50～55℃温水浸20分钟。

② 加强田间管理，实行3年以上轮作；用无病土育苗，地膜覆盖栽培；增施磷、钾肥，提高植株抗病力。

③ 加强棚室温、湿度管理。棚内湿度控制在70%以下，减少叶面结露和吐水；田间操作、除病灭虫、绑蔓、采收等，应在露水干后进行，这样可减少人为传播。

④ 药剂防治。发病初摘除病叶后选用下列药剂之一喷雾：75%百菌清可湿性粉剂600倍液，50%苯菌灵可湿性粉剂1500倍液，50%多菌灵可湿性粉剂500倍液，50%福美双可湿性粉剂500倍液，50%甲基硫菌灵可湿性粉剂600倍液，2%抗霉菌素120或BO-10水剂200倍液，70%代森锰锌可湿性粉剂500倍液，50%多菌灵可湿性粉剂1000倍液加75%百菌清可湿性粉剂1000倍液。每7～10天喷1次，连喷3～4次。也可用烟熏法或粉尘法。首次熏烟一般在结瓜期发病前进行，用45%百菌清烟剂每亩棚室面积用药200～250克。傍晚时将药剂分放在棚室内4～5处，由里向外逐次放烟，密闭棚室，翌日清晨通风，照常田间作业。每7～10天熏1次。

22. 黄瓜蔓枯病的发病规律及防治方法是什么？

黄瓜蔓枯病是露地秋黄瓜和冬春保护地黄瓜的重要病害。部分地区发生普遍，危害严重，引起死秧，产量损失很大。

(1) 症状　主要危害茎蔓和叶片。叶片发病，产生圆形大斑，约在15毫米以上，有的自叶缘发病，向内发展，病斑呈“V”字形，浅褐色至黄褐色，后期病斑容易破碎。病斑上轮纹不明显，上生许多小黑点，即病菌的分生孢子器。茎蔓病斑梭形或椭圆形，淡褐色，多出现在蔓节部位，病斑有红褐色边缘，中央灰白色，逐渐变为黄褐色，稍有凹陷，上面布满黑色小粒点，病斑上有时溢出琥珀色的树脂胶状物。后期病茎干枯，病部纵裂呈乱麻状，但维管束不变色，有别于枯萎病。潮湿时，茎节腐烂、变黑，甚至折断。

(2) 发病规律 病菌在病株残体上、土壤里、种子上和架材上越冬。病菌随风雨、灌溉水、农事操作及昆虫进行传播，从叶片气孔、水孔及伤口侵入，引发病害。病害发生流行需要较高的温度和湿度。在5～35℃下均可发病，但以20～24℃，相对湿度85%以上，土壤含水量大时易发病。大棚和温室在高温、高湿、通风不良、植株长势差或徒长的条件下，容易发病。

(3) 防治方法

① 选用无病种子或对种子进行消毒。可用55℃温水浸种15分钟或用福尔马林100倍液浸种30分钟，用水冲洗干净后播种或催芽播种。

② 加强栽培管理。与非瓜类作物实行2～3年轮作；施足基肥，增施磷、钾肥和腐熟的有机肥，及时追肥，提高植株生长势，增强抗病能力；清洁田园，及时摘除病叶、病蔓、病瓜及底部老叶，并清理出棚室外深埋或烧毁；棚室内注意通风降湿等。

③ 药剂防治。发病初期，可选用75%百菌清可湿性粉剂600倍液，70%代森锰锌可湿性粉剂500倍液，70%甲基硫菌灵可湿性粉剂1000倍液，50%混杀硫悬浮剂500～600倍液，36%甲基硫菌灵悬浮剂400～500倍液进行全棚喷药，3～4天后再喷1次，以后视病情用药。也可

在黄瓜病茎部涂抹甲基硫菌灵或多菌灵可湿性粉剂 20～100 倍液，或用代森锰锌可湿性粉剂 10 倍液涂抹病茎，可以抑制病害蔓延。

23. 黄瓜灰霉病的发病规律及防治方法是什么？

(1) 症状　以危害果实为主，病菌多由开败的花侵入，引起花腐烂，长出灰褐色霉层。病害向幼嫩瓜条扩展，小瓜条变软、腐烂和萎缩，病部长有灰褐色霉层。大瓜条病部先发黄，后长出白霉并渐变成淡灰色，最后腐烂脱落。叶片受害多产生大型枯斑，边缘明显，生有少量灰霉。幼苗和茎发病常引起死苗和烂秧，并长有灰霉。

(2) 发病规律　病菌以菌丝体、分生孢子和菌核在土中和病株残体上越冬，成为翌年的初侵染源。随气流、雨水及农事操作传播蔓延，从表皮、气孔或伤口侵入。发病适温 4～32℃，最适温度18～23℃，并要求很高的湿度，一般在 90％以上。因此，冬春季温室黄瓜，因不及时放风，湿度大，温度偏低，发病严重。

(3) 防治方法

① 生态防治。推广高畦覆膜栽培和膜下暗灌或滴灌浇水技术；生长前期及发病后，适当控制浇水，适时适量通风，适当晚通风；棚温提高至 33℃时，病菌不产孢，降低棚室湿度，减少棚室滴水和叶面结露及叶缘吐水，控制病情发展。

② 加强棚室管理。合理密植，施足底肥，增施有机肥和磷、钾肥，及时追肥；及时摘除病花、病果、病叶及

底部老叶，带出棚室外深埋或烧毁；加强通风换气，防止湿度过高，注意保温，防止寒流袭击。

③ 药剂防治。棚室发病初期，采用烟雾法或粉尘法防治。烟雾法，用10%腐霉利烟剂，每亩用200～250克，或45%百菌清烟剂，每亩用250克，熏3～4小时。也可于傍晚喷撒10%灭克粉尘剂或5%百菌清粉尘剂，每亩用1千克，隔7～10天喷1次，连续或与其他防治方法交替使用2～3次。也可在发病初期选择喷洒50%腐霉利可湿性粉剂2000倍液，50%异菌脲可湿性粉剂1000～1500倍液，70%甲基硫菌灵可湿性粉剂1000倍液，50%乙烯菌核利可湿性粉剂1000倍液。药剂预防效果好于治疗效果，发病后用药，应适当加大用药量，几种药剂交替或复配使用。

24. 黄瓜黑星病的发病规律及防治方法是什么？

黄瓜黑星病又称疮痂病。保护地黄瓜的重要病害之一，是国内植物检疫对象。我国北方棚室黄瓜发生普遍。

(1) 症状 发病几乎遍及植株地上所有部位，幼嫩器官受害较重。子叶染病，产生黄白色近圆形病斑。成株期叶片上产生污绿色近圆形斑，后变为黄褐色，干枯、穿孔。茎蔓上则产生黄褐色梭形病斑，中部略凹陷，表皮粗糙呈疮痂状。瓜条染病开始流胶，以后发展为深褐色凹陷斑，病斑呈疮痂状，受害瓜条多畸形，无食用价值。高湿时，病斑上长出灰黑色霉层。

(2) 发病规律　病菌以病株残体内的菌丝体和菌丝块在土壤里越冬，或以菌丝体在种子内及分生孢子附着于种皮越冬。种子带菌是该病远距离传播的重要途径。初侵染源以分生孢子萌发芽管经气孔、伤口或表皮直接侵入寄主。寄主病部产生的孢子借助水和气流传播进行再侵染。发病最适温度 20～22℃、相对湿度 90％以上。在冷凉高湿的环境下发病重。因此，连阴天、光照不足、植株郁闭、湿度过大、长期重茬和播种带病种子是引起发病的重要因素。

(3) 防治方法

① 加强种子检疫，从无病区引种，在无病棚、无病株上留种。

② 种子处理。用 55～60℃恒温水浸种 16 分钟，或用 50％多菌灵可湿性粉剂 500 倍液浸种 20 分钟，再用清水洗净后催芽。也可用相当于种子重量 0.3％的多菌灵可湿性粉剂拌种。

③ 棚室消毒。定植前 10 天，每 55 立方米空间用硫黄粉 0.13 千克加锯末 0.25 千克，混匀后，分放几处点燃，密闭大棚熏 1 夜。

④ 药剂防治。初发病时用 45％百菌清烟雾剂，每亩用 250 克。也可喷施 50％多菌灵可湿性粉剂 500 倍液，或 70％甲基硫菌灵可湿性粉剂 1000 倍液，或 75％百菌清可湿性粉剂 600 倍液，或 50％苯菌灵可湿性粉剂 1500 倍液等。7 天左右喷 1 次药液，连喷 2～4 次，露地黄瓜连喷 3～5 次。

25. 黄瓜菌核病的发病规律及防治方法是什么？

黄瓜菌核病是保护地瓜果类蔬菜最重要的病害之一。一般受害地块损失10%～30%，重者达90%以上。

(1) 症状 黄瓜各生育期均可发病，主要危害茎叶及果实。植株发病多在茎基部，出现水渍状病斑，渐渐扩大使病茎变淡褐色软腐，产生白色棉絮状菌丝和黑色菌核，表皮纵裂，植株干枯。茎表纵裂，而木质部不腐败，故植株不表现萎蔫，且茎中不形成菌核。叶片和叶柄发病呈水渍状腐烂，长出菌丝和菌核。果实病害多由顶端残花处发生，成水渍状扩展，病健部界限不明显，最后整个瓜条湿腐或腐烂，上面长有白色菌丝和黑色鼠粪状菌核。

(2) 发病规律 病菌以菌核在病残体内或土壤中越冬。菌核在适宜条件下萌发出土。子囊盘成熟后释放出子囊孢子，借气流传播和侵染危害。低温高湿有利于发病。菌核萌发适温15℃左右，孢子萌发适温5～10℃，菌丝生长最适温度20℃左右。相对湿度85%以上有利于孢子的萌发和菌丝生长。棚室黄瓜一般早春阴雨天较多，气温偏低，同时因栽植过密，通风不良湿度较大，所以发病重。

(3) 防治方法

① 种子处理。用10%盐水漂浮菌核并予以淘汰去除，种子用50℃温水浸泡10分钟，清水冷却后催芽播种。

② 加强栽培管理。黄瓜收获后彻底清除病残体。发病初期及时摘除病叶、病果并深埋。发病田深翻后灌水，再密闭棚室，促使菌核在土壤中腐烂死亡。也可覆盖地

膜，阻止病菌子囊盘出土和子囊孢子扩散。适时通风，降低棚室湿度，防止温度偏低、湿度过大。

③ 药剂防治。发病初期可选用40%菌核净可湿性粉剂1000～1500倍液，50%代森锰锌可湿性粉剂1000～1500倍液，50%异菌脲可湿性粉剂1000倍液，50%乙烯菌核利可湿性粉剂1000倍液喷雾。每10天左右喷洒1次，连续喷2～3次。

26. 黄瓜花叶病毒病的发病规律及防治方法是什么？

(1) 症状　黄瓜苗期及成株期均能发病。病株上部叶片沿叶脉失绿、叶片皱缩向下卷曲、质地变硬，植株生长受到抑制，明显矮小，最后病叶枯死，植株干枯，大部分不能结瓜。还有的则是在新叶上呈现褪绿斑，叶片出现花叶、畸形，严重时出现鸡爪形或线状叶，病瓜小而有瘤状突起，无食用价值。

(2) 发病规律　田间一些多年生杂草和越冬蔬菜及一些寄生在它们根部越冬的蚜虫，成为黄瓜花叶病毒的越冬场所。黄瓜花叶病毒主要靠蚜虫传播，而发病又受气候条件与栽培管理影响，高温干旱既有利于病毒的繁殖，也有利于蚜虫的繁殖和迁飞，发病重。管理粗放、杂草丛生，发病也重。

(3) 防治方法

① 农业防治。选择抗病品种。加强栽培管理，培育壮苗，适期早定植，及时铲除田间杂草，推广配方施肥技术，合理浇水，促进生长，提高植株抗病能力。

② 防治蚜虫。从苗期开始积极喷药防蚜。可选喷20％甲氰菊酯乳油3000倍液，2.5％三氟氯氰菊酯乳油3000倍液，40％氰戊菊酯6000倍液，重点喷洒叶背面和嫩叶蚜虫隐蔽处。

③ 药物防治。发病初期选喷1∶(100～150) 生豆浆、1.5％植病灵乳剂1000倍液、NS-83增抗剂100倍液等可以控制病情的发展。每隔5～7天喷1次，连续2～3次。

27. 黄瓜根结线虫病的发病规律及防治方法是什么？

(1) 症状 属土传病害，主要发生在根部，以侧根和须根最易受害，形成大小和形状不同的瘤状根结，有的呈串珠状发生，使根系变粗。地上部表现为植株矮小，叶片发黄，长势衰弱似缺水缺肥状，结果少且果实小，严重时整株逐渐萎蔫、死亡。

(2) 发病规律 病原线虫以2龄幼虫、卵囊中卵和雌成虫随病根根结在土壤和粪肥中越冬。翌年条件适宜时，在寄主根分泌物的诱引下，2龄幼虫向根部移动，并从根冠上方侵入，刺激导管细胞膨胀，在根部形成根结。线虫多分布在20厘米土层内，以3～10厘米土层居多，以两性生殖为主，每只雌虫可产卵300～800粒，也可营孤雌生殖。在27℃时完成1代需25～30天，在蔬菜生长季节其数量增长很快。田间主要通过病土、病苗和灌溉水传播，农事操作及农具携带也有一定的传播作用。根结线虫一旦发生，较难清除。南方根结线虫生长和繁殖最适温度25～30℃。土壤较干燥、通气较好、结构疏松的沙质土壤，适合线虫的活动而发病重。土温超过 40℃或低于 5℃，很少活动。致死温度 55℃，10 分钟。重茬地发病重。黄瓜、番茄是高感菜类，连作期越长，发病越重。

(3) 防治方法

① 选择无病土育苗。增施腐熟的厩肥、河泥等有机肥，搞好田园卫生，收获后清除病根残体和田间杂草。菜地休闲时灌水或深翻晒土，把表土翻至 20 厘米以下，可减轻危害。

② 实行轮作或无土栽培。黄瓜与大葱、大蒜、韭菜和辣椒轮作，可减轻发病。与水稻或水生蔬菜轮作，效果更好。采用无土栽培有良好的防病作用，如采用基质栽培，应防止槽内铺垫的塑料布破损，造成土壤内线虫侵染为害。

③ 棚室消毒。夏天拉秧后利用太阳能进行热力消毒。将稻草或麦秸切成 4～6 厘米小段，每亩施用 500 千克与石灰 50～100 千克后，深翻 66 厘米，起高垄 33 厘米，然后灌水，使土壤接近饱和，使埂与埂之间藏水，铺上地膜或旧薄膜，再密闭棚室 15～20 天，地表温度可达 50℃以上，地下 20 厘米处地温也可达 45℃以上，可基本杀死土壤中的线虫及病菌，并能改善土壤理化性状。

④ 药剂防治。定植前 10～15 天，每亩用 33%威百亩水剂 3～4 千克，加水 50～70 千克开沟浇施，然后覆土踏实。土温 12～18℃，土壤含水量 40%以上最宜。当 10 厘米土温为 15℃和 20℃时，分别封闭 15 天和 10 天后松土通气，然后播种、栽苗。在生长期间，棚室局部受害，可在发病期间用 50%辛硫磷乳油 1500 倍液，80%敌敌畏乳

油 1000 倍液，90%敌百虫晶体 800 倍液灌根。每株灌药液 0.25～0.5 千克，一般 1～2 次，均有良好的效果。另外，定植前灌溉液态氨，也有较好的防治效果。

28. 黄瓜拟茎点霉根腐病的发病规律及防治方法是什么？

(1) 症状 嫁接黄瓜在定植后 1 个月内发育正常，结果后开始陆续发病，结瓜高峰期发病较重。植株病情发展较缓慢，患病植株初期，晴天中午叶片萎蔫，早晚或阴天恢复正常，持续约 5～7 天后植株叶片由下至上萎蔫呈青枯状死亡；发病重时在嫁接部位以下用作砧木的南瓜茎基部呈水渍状褐变腐烂，致全株枯死；掘取砧木根部可见主根和侧根一部分变为浅褐色至褐色，严重时根部全部变为褐色或深褐色，而须根腐烂且基部发生纵裂，裂口内带有黑带状菌丝块，表皮密生小黑点。但嫁接黄瓜砧木和接穗的维管束未见褐变，据此区别于黄瓜枯萎病。

(2) 发病规律 该病原为拟茎点霉属，半知菌亚门真菌，属土传病害。病菌在土壤中或病残体上残存，随流水传播，从根部和伤口侵入嫁接黄瓜砧木根系导致发病。病菌发育适温 24～28℃，最高 32℃，最低 8℃，低温高湿对病菌发育有利。长期连作和过量使用化肥，土壤盐渍化和土壤 pH 较低，致使黄瓜根系发育不良，是黄瓜死棵的主要原因。冬季连续阴天，大水漫灌、低温高湿、土壤透气性不良等情况下发病加重。

(3) 防治方法

① 土壤消毒。对发病重的地块或苗床可用噁霉灵、

多菌灵、敌克松等进行土壤消毒处理。也可在夏季对温室土壤覆盖农膜，利用太阳能消毒。

② 选用抗病砧木。据报道黑籽南瓜嫁接的黄瓜对拟茎点霉根腐病抗性较差，利用印度南瓜与中国南瓜的杂交种白籽南瓜作砧木嫁接的黄瓜抗病效果较好。

③ 合理浇水。采用膜下暗灌或滴管等方式浇水，防止大水漫灌造成沤根，特别是连阴雨雪天气时禁止浇水。同时从高畦两侧掀起地膜锄划，疏松土壤，改善土壤的透气性，以促进黄瓜根系的生长发育。

29. 黄瓜白粉虱的为害特点和防治方法是什么？

（1）为害特点　成虫和若虫主要群集在黄瓜叶背面，以刺吸式口器吸吮植物汁液，被害叶片褪绿、变黄、萎蔫，甚至全株枯死。白粉虱繁殖力强，繁殖速度快，种群数量庞大，群集为害，并分泌大量蜜露，严重污染叶面和果面，呈煤污病状，降低商品价值，可减产10%～30%。

（2）防治方法　白粉虱体表附着白色蜡粉，抗药力强，喷药效果差。每亩可喷洒10%噻嗪酮乳剂1000倍液，或20%甲氰菊酯乳剂2000倍液，或10%吡虫啉乳剂1000倍液等，连续用药3～5次；还可利用白粉虱的趋黄习性，在温室、大棚内设置30厘米×40厘米的黄板，板上涂10号机油（加少量黄油），每亩设置30多块，诱杀成虫；棚室通风口和门口应设网纱，控制内外虫源迁飞蔓延为害。

30. 黄瓜蚜虫的为害特点和防治方法是什么？

(1) 为害特点 蚜虫又叫腻虫。以成虫或若虫在黄瓜叶片、嫩茎上吸食汁液为害。嫩叶和生长点被害后，叶面卷缩，生长停滞；老叶受害干枯死亡。严重时造成减产，或提早衰老拉秧。

(2) 防治方法 常用药剂有：21%增效氰·马乳油6000倍液，或40%氰戊菊酯乳剂6000倍液，或20%甲氰菊酯乳剂2000倍液，或2.5%三氟氯氰菊酯乳油4000倍液，或2.5%联苯菊酯3000倍液，或80%敌敌畏乳油1000倍液，或10%吡虫啉乳剂1000倍液等喷洒防治，喷药着重于叶背面的虫体上。棚室内防治蚜虫，每亩可用80%敌敌畏乳油250～400克加锯末1.5～2千克，于傍晚点烟熏杀；每亩还可用杀瓜蚜烟剂1号500克熏烟，点烟密闭3小时，杀蚜效果可达90%以上；每亩还可用灭蚜粉1千克，灭蚜效果也很好。

31. 黄瓜茶黄螨的为害特点和防治方法是什么？

(1) 为害特点 茶黄螨繁殖速度很快，在28～32℃条件下4～5天就可繁殖1代，18～20℃时，也只需要7～10天。在华北地区，大棚内5月下旬开始发生，6月下旬至9月中旬为盛发期，露地蔬菜7～9月受害重，温室育苗3～4月开始发生为害。主要在温室内越冬，少数雌成螨可在越冬作物或杂草根部越冬。茶黄螨靠爬行传播蔓延，还可借人为携带或借气流做远距离传播。成螨和幼螨集中在作物的幼嫩部位，刺吸植物汁液，造成植物畸形和生长缓慢。黄瓜受害后，上部叶片变小、厚、硬，叶背变黄褐色，有油质状光泽，叶缘向下卷曲，生长点枯死不发新叶。由于螨体微小，肉眼难见，而且趋嫩为害，常被误认为生理病害或病毒病。

（2）防治方法 喷洒73%炔螨特乳剂1000～2000倍液，或10%吡虫啉乳剂1000倍液，或1.8%阿维菌素乳油3000液等，杀卵、杀螨效果均较好，并可兼防美洲斑潜蝇。喷药着重在植株上部的嫩叶背面和嫩茎。

32. 黄瓜斑潜蝇的为害特点和防治方法是什么？

（1）为害特点 主要危害叶片，幼虫钻蛀叶片蛀食，并形成弯曲的隧道，使叶肉细胞和叶绿素遭到不同程度的破坏，从而导致光合作用下降，致使叶片枯死，乃至成株死亡，造成减产减收。

斑潜蝇的繁殖力较强，一年发生多代，在我国南北方均周年发生与危害，且世代重叠现象严重。我国海南每年发生代数达21～24代之多，以当年11月至翌年4月为主，虫口密度大，危害严重。在北方地区主要在棚室内繁殖危害，以春季最重。成虫寿命一般15～30天，有较弱的飞行能力，对黄色的趋性强，卵2～5天内孵化，幼虫期4～7天。卵、幼虫在叶片中生长发育，存活率高，并随植株、叶片、土壤、交通工具等远距离传播。

（2）防治方法 加强农业防治与检疫，重在减少与消灭虫源，防止扩散。彻底清理残茬，消灭杂草，深埋或烧毁；培育无虫壮苗。

在幼虫孵化钻入叶片之前，棚室通风口挂防虫网；室内设黄板诱杀。注重苗期的药剂防治。可选用40%杀扑磷乳油1000～1500倍液，2.5%三氟氯氰菊酯乳油3000倍液，24%灭多威水剂2500倍液，10%氯氰菊酯乳油2000～3000倍液，80%敌敌畏乳油2000倍液，80%晶体敌百虫1000倍液，1.8%阿维菌素乳油2000倍液，10%吡虫啉乳剂1000倍液。使用22%敌敌畏烟剂熏烟可杀灭成虫，每亩用药量400克。还可选用苏云金杆菌生物农药进行防治。

33. 黄瓜黄守瓜为害特点和防治方法是什么？

(1) 为害特点 成虫危害叶和花，主要是咬食叶片造成危害。成虫在叶片上往返咬食成圆弧形，多个圆弧形伤口相连使整个叶片破碎不堪。3龄幼虫潜在土中专门咬食主根，致使植株枯死。

黄守瓜以南方地区发生严重。黄守瓜性喜温湿，成虫耐热性强，以成虫在向阳温暖残株、杂草及土缝中越冬，气温10℃以上开始活动。

(2) 防治方法 采用地膜覆盖栽培，或在根际四周撒草木灰、锯木屑等可防止成虫产卵；成虫有假死性，清晨停留在叶片上，清晨可人工捕杀成虫。

药剂防治可选用90%敌百虫乳油2000倍液，50%敌敌畏可湿性粉剂1000倍液；40%氰戊菊酯乳油8000

倍液。

34. 蛴螬为害特点和防治方法是什么？

（1）为害特点 蛴螬是地下害虫，金龟子的幼虫。在苗床中为害萌发的种子，或直接咬断秧苗的根和茎，造成缺苗。蛴螬的咬口整齐，有利于病菌的侵入，诱发病害的发生。

蛴螬在地下活动，与土壤温度和湿度有密切关系。当10厘米土温达5℃时，开始上升到土表活动，以13～18℃时活动最盛，23℃以上则往深土中移动。土壤湿润则其活动性强，为害就重。

（2）防治方法 育苗用床土应是经过长期堆制的培养土，要保持床土相对干燥，避免使用未腐熟的厩肥等。一旦发现为害，可用30%敌百虫乳油500倍液，25%喹硫磷乳油1000倍液，50%辛硫磷乳油1000倍液，80%敌百虫可溶粉剂1000倍液浇灌或喷洒。

35. 蝼蛄为害特点和防治方法是什么？

（1）为害特点 蝼蛄亦属地下害虫，以成虫或若虫在土中咬食种子和幼苗，或将幼苗的茎咬断，使秧苗死亡。为害时将茎的基部咬成乱麻状，造成秧苗凋枯或发育不良。由于其在土壤中活动，常使秧苗的根部脱离土壤，使秧苗失水而干枯死亡。

蝼蛄的活动与土壤温度和湿度有关，土温在8℃以上时开始活动，12～26℃为活动盛期，土壤潮湿对蝼蛄的活动有利。土壤干旱，活动减弱。温暖湿润，多腐殖质的壤土或沙壤土，以及堆过厩肥或垃圾的地方作苗床，蝼蛄发生较多，为害较重。蝼蛄的活动昼伏夜出，以 21～23 时活动最盛。北方一年 2 代，南方一年 1 代。5 月上旬至 6 月中旬是蝼蛄最活跃的时期，也是第一次为害高峰期，6 月下旬至 8 月下旬天气炎热，转入地下活动，9 月份气温下降，再次上升到地表，形成第二次为害高峰，10 月中旬以后，陆续钻入深层土中越冬。

(2) 防治方法 同蛴螬。由于蝼蛄能在地面活动，可用毒饵诱杀。用米糠、麸皮、菜籽饼、豆饼或棉籽饼等炒香，加敌百虫 10 倍液制成药团，一般每平方米放置 4～6 个药团。另外，还可用 50%辛硫磷乳油 1000 倍液灌根。

36. 小地老虎为害特点和防治方法是什么？

(1) 为害特点 小地老虎以幼虫为害秧苗，它的食性很杂，可为害茄果类、瓜类和十字花科等许多蔬菜。3 龄前的幼虫，昼夜吃食秧苗的嫩叶和心叶；3 龄以后，白天潜伏在表土中，夜出为害，尤其以清晨为害最凶。幼虫将蔬菜幼苗近地面的茎咬断，使植株死亡，造成缺苗。

小地老虎喜温暖及潮湿条件，最适发育温度为 13～25℃。

(2) 防治方法 铲除杂草，减少小地老虎产卵场所和食料来源。毒饵诱杀 4 龄下的幼虫，用 90%敌百虫 10 倍液拌鲜草或麦麸等其他饵料，夜间撒于秧苗的周围。也可用药防治，3 龄以下的幼虫可采用 21%增效氰・马乳油（灭杀毙）8000 倍液，90%敌百虫晶体 800～1000 倍液或 50%辛硫磷乳油 800 倍液，2.5%溴氰菊酯乳油或 20%氰戊菊酯乳油 3000 倍液，20%氰戊・马拉松乳油 3000 倍液。

37. 黄瓜安全生产中禁止使用的农药种类有哪些？

黄瓜安全生产必须遵守国家关于绿色食品、无公害蔬菜生产禁用的农药品种（表 6-1，表 6-2）。

表 6-1 黄瓜 A 级绿色食品生产中禁用的农药

农药种类	农药名称	禁用原因
有机砷杀虫剂	砷酸钙、砷酸铅	高毒
有机砷杀菌剂	甲基胂酸锌、甲基胂酸铁铵、福美甲胂、福美胂	高残留
有机锡杀菌剂	三苯基醋酸锡、三苯基氯化锡、毒菌锡、氯化锡	高残留
有机汞杀菌剂	氯化乙基汞（西力生）、醋酸苯汞（赛力散）	剧毒、高残留
有机杂环类	敌枯双	致畸
氟制剂	氟化钙、氟化钠、氟乙酸钠、氟乙酰胺、氟铝酸钠、氟硅酸钠	剧毒、高残留、易药害
有机氯杀虫剂	DDT、六六六、林丹、艾氏剂、狄氏剂	高残留
有机氯杀螨剂	三氯杀螨醇	工业品中含有琥胶肥酸铜
卤代烷类杀虫剂	二溴乙烷、二溴氯丙烷	致癌、致畸

续表

农药种类	农药名称	禁用原因
有机磷杀虫剂	甲拌磷、乙拌磷、久效磷、对硫磷、甲基对硫磷、甲胺磷、氧化乐果、治螟磷、蝇毒磷、水胺硫磷、磷胺、内吸磷	高毒
氨基甲酸酯杀虫剂	克百威、涕灭威、灭多威	高毒
二甲基甲脒杀虫剂	杀虫脒	致癌
取代苯类杀虫、杀菌剂	五氯硝基苯、五氯苯甲醇	致癌
二苯醚类除草剂	除草醚、草枯醚	慢性毒性

表 6-2　黄瓜无公害生产严禁使用的农药

农药种类	农药名称	禁用范围	禁用原因
无机砷杀虫剂	砷酸钙、砷酸铅	所有蔬菜	高毒
有机砷杀菌剂	甲基胂酸锌（稻脚青）、甲基胂酸铵（田安）、福美甲胂、福美胂	所有蔬菜	高残留
有机锡杀菌剂	薯瘟锡（毒菌锡）、三苯基醋酸锡、三苯基氯化锡、氯化锡	所有蔬菜	高残留、慢性毒性
有机汞杀菌剂	氯化乙基汞（西力生）、醋酸苯汞（赛力散）	所有蔬菜	剧毒、高残留
有机杂环类	敌枯双	所有蔬菜	致畸
氟制剂	氟化钙、氟化钠、氟化酸钠、氟乙酰胺、氟铝酸钠	所有蔬菜	剧毒、高毒、易药害
有机氯杀虫剂	DDT、六六六、林丹、艾氏剂、狄氏剂、五氯酚钠、硫丹	所有蔬菜	高残留
有机氯杀螨剂	三氯杀螨醇	所有蔬菜	工业品含有一定数量的DDT

续表

农药种类	农药名称	禁用范围	禁用原因
卤代烷类熏蒸杀虫剂	二溴乙烷、二溴氯丙烷、溴甲烷	所有蔬菜	致癌、致畸
有机磷杀虫剂	甲拌磷、乙拌磷、久效磷、对硫磷、甲基对硫磷、甲胺磷、氧化乐果、治螟磷、杀扑磷、水胺硫磷、磷胺、内吸磷、甲基异柳磷	所有蔬菜	高毒、高残留
氨基甲酸酯杀虫剂	克百威(呋喃丹)、丁硫克百威、丙硫克百威、涕灭威	所有蔬菜	高毒
二甲基甲脒类杀虫杀螨剂	杀虫脒	所有蔬菜	慢性毒性、致癌
拟除虫菊酯类杀虫剂	所有拟除虫菊酯类杀虫剂	水生蔬菜	对鱼虾等高毒性
取代苯杀虫杀菌剂	五氯硝基苯、五氯苯甲醇(稻瘟醇)、苯菌灵(苯莱特)	所有蔬菜	国外有致癌报道或二次药害
二苯醚类除草剂	除草醚、草枯醚	所有蔬菜	慢性毒性

38. 黄瓜安全生产中允许使用的农药种类及用量要求标准是什么？

在黄瓜安全生产中，允许使用低毒低残留化学农药防治真菌、细菌、病毒病及害虫。但应遵循以下几条原则：贯彻“预防为主，综合防治”的植保方针，采用各种有效的农业、物理、生物、生态等非化学防治手段，减少农药的使用次数和用量；优先选择生物农药或生化制剂农药如苏云金杆菌、白僵菌等；尽量选择高效、低毒、低残留农药；当病虫害将造成毁灭性损失时，才选用中等毒性和低残留农药；尽可能选用土农药等。现将一些在黄瓜安全生产病虫害防治中常用的农药品种及其用量介绍如下：

(1) 防治真菌病害的药剂 50%多菌灵可湿性粉剂500倍液，75%百菌清可湿性粉剂600倍液，70%代森锰锌可湿性粉剂500倍液，50%异菌脲可湿性粉剂1000倍液，25%甲霜灵可湿性粉剂600倍液，20%三唑酮可湿性粉剂1500倍液，70%甲基硫菌灵可湿性粉剂500倍液，56%靠山（氧化亚铜）水分散粒剂800倍液，77%氢氧化铜可湿性粉剂1000倍液，65%硫菌·霉威可湿性粉剂1000～1500倍液，64%噁霜·锰锌可湿性粉剂500倍液，72%霜脲·锰锌可湿性粉剂600～750倍液。

(2) 防治细菌病害的药剂 77%氢氧化铜可湿性粉剂1000倍液，40%春雷·王铜可湿性粉剂600～1000倍液，50%琥胶肥酸铜（琥胶肥酸铜杀菌剂）500倍液，农用链霉素4000倍液，新植霉素4000～5000倍液。

(3) 防治病毒病的药剂 20%盐酸吗啉胍·铜500倍液，83增抗剂100倍液，菇类蛋白多糖水剂300倍液，5%菌毒清300倍液加1.5%植病灵500倍液，磷酸三钠500倍液。

(4) 杀虫剂 90%敌百虫晶体1000～2000倍液，50%辛硫磷乳油1000倍液，20%灭幼脲1号或25%灭幼脲3号悬浮剂500～1000倍液，5%定虫隆乳油4000倍液，或5%伏虫隆（农梦特）乳油4000倍液，80%敌敌畏乳油 1200～1500 倍液，21%增效氰·马乳油（灭杀毙）3000～4000 倍液，2.5%溴氰菊酯乳油 3000 倍液，25%喹硫磷乳油 1000 倍液，10%联苯菊酯乳油 1000 倍液，50%马拉硫磷乳油 1000 倍液，10%吡虫啉可湿性粉剂 2500 倍液，25%高效氟氯氰菊酯乳油 2000 倍液，50%抗蚜威可湿性粉剂 2000 倍液。

39. 黄瓜安全生产中允许使用的农药的安全间隔期应如何把握？

安全间隔期一般指最后一次施药与产品采收时间的间隔天数。在使用时要严格遵守 GB/T 8321（所有文件）上的规定，坚决杜绝不符合安全间隔期要求的黄瓜提前上市。例如，用 50%辛硫磷乳油 2000 倍液或 25%喹硫磷乳油 2500 倍液对黄瓜进行浇灌时，安全间隔期不少于 17 天；用 90%敌百虫晶体 1000～2000 倍液喷雾时，安全间隔期一般为 7 天；用 80%代森锰锌可湿性粉剂 500 倍液喷雾，间隔期为 10 天左右；用 77%氢氧化铜可湿性粉剂 1000 倍液或 56%靠山（氧化亚铜）水分散粒剂 800 倍液喷雾，安全间隔期一般为 3 天。

40. 黄瓜安全生产中如何做到科学使用化学农药？

（1）搞好病虫害综合防治，减少用药次数

① 农业防治。

a. 轮作。恶化病虫的营养条件。

b. 深翻土壤或晒土冻垡。以恶化病虫的生存环境，如深翻后，可将地表的病虫深埋土中密闭致死，也可将土中的病虫翻至地面被强烈的太阳光晒死或冻死。

c. 除草和清洁田园。降低病虫基数。

d. 合理施肥和排灌。经过沤制的腐熟肥料，病原菌和虫卵大幅减少。土壤过干或过湿都不利于黄瓜植株生长而有利于病虫害的发生。因此，要合理排灌。

e. 调整茬口，进行避虫栽培。

f. 选用抗病品种。

② 生物防治。

a. 生物农药，如生物农药苏云金杆菌、有益微生物增产菌等。每亩用苏云金杆菌生物杀虫剂 150～200 毫升喷洒，7 天喷 1 次，能有效地杀死种蝇的 1～2 龄期幼虫；每亩用抗生素抗霉菌素 120 毫升和 BO-10 500 毫升喷雾，用浏阳霉素或阿维菌素 2500～3000 倍液喷洒，可防治红蜘蛛、螨虫、斑潜蝇；用农用链霉素或新植霉素 4000～5000 倍液，可以防治黄瓜细菌性病害；用定虫隆可以防治鳞翅目的害虫等。

b. 天敌治虫。利用丽蚜小蜂可防治白粉虱，利用七星瓢虫、草蛉可防治蚜虫、螨类。

c. 植物治虫。利用洋葱、丝瓜叶、番茄叶的浸出液制成农药，可防治蚜虫、红蜘蛛，利用苦参、臭椿、大葱叶浸出液，可防治蚜虫。

③ 物理防治。

a. 温汤浸种。可以杀灭种子中的虫卵、幼虫或病菌。

b. 人工捕杀。根据蚜虫对黄色有强烈趋性的特性，采用黄板涂机油的方法予以防治，效果良好；利用害虫的趋光性，可采用黑光灯诱杀；用银灰色薄膜避蚜和用防虫网栽培等。

c. 高新技术防治。如利用脱毒技术可有效地减少病毒病的发生，从而提高产量。

(2) 科学合理地使用农药，使农药污染降到最低限度　农药使用技术是无公害黄瓜生产的关键，在黄瓜生产过程中应遵循“严格、准确、适量”的用药原则，提倡使用生物农药。

① 严格用药。一是，要严格控制农药品种。农药品种繁多，在黄瓜生产上选择农药品种时，优先使用生物农药和低毒、低残留的化学农药，严禁在黄瓜上使用禁用的高残留农药。二是，严格执行农药安全间隔期。在农药安全间隔期内不允许收获上市。每种农药均有各自的安全间隔期，一般允许使用的生物农药为3～5天，菊酯类农药为5～7天，有机磷类7～10天；杀菌剂中的百菌清、多菌灵等要求14天以上，其余大多为7～10天。

② 准确用药，是指讲究防治策略，适期防治，对症下药。一是，要根据病虫发生规律，准确选择施药时间，即找准最佳的防治适期。二是，根据病虫田间分布状况和栽培方式，准确选择用药方式，能进行冲治的不搞喷雾，能局部防治的不全面用药。

③ 适量用药，必须从实际出发，确定有效的农药使用浓度和剂量。一般杀虫剂效果达到85%以上，杀菌剂防病效果达到70%以上的，即称为高效，切不可为盲目追求防效百分之百而随意加大农药浓度和剂量。

第七章

黄瓜种子生产技术

1. 黄瓜种子生产中常规品种种子生产都有哪些程序？

黄瓜种子产量高，播种量小，可按二级留种制生产种子。方法是用原种播种育苗，适时定植在隔离区即原种一代生产田中，第 2 雌花开放前拔除杂株劣株，摘除第 1 雌花或根瓜。此后任凭昆虫自由传粉，第 3 雌花坐瓜后整枝摘心，摘除非留种瓜和雌花，同时按品种标准性状严格选择优良植株。种瓜成熟后，由各优株上混合收获的原种一代种子，翌年用于生产原种二代的种子；由其余植株上混合收获的原种一代的种子，翌年用于生产生产种种子。以后各年可按此种方法生产原种二代、三代、四代等原种级种子及各年的生产种种子。大约在原种第四代前后又会出现新的混杂退化问题，此时可用库存的原种开始新一轮的种子生产。生产程序如图 7-1。

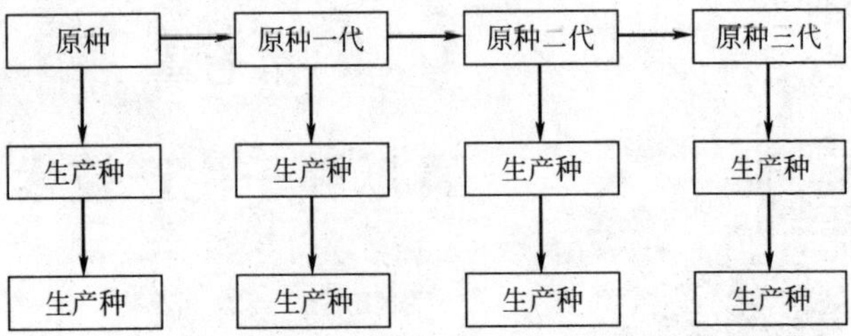

图 7-1　黄瓜二级留种繁育制度示意图

2. 黄瓜种子生产中如何进行原种的生产？

生产黄瓜原种最简单最可靠的方法是在优良的农业技术条件下，用品种选育者提供的原原种直接繁殖原种。如果育种者或有关部门无原原种可以提供，则需要采用适当的选择方法，对已混杂退化的品种选优提纯，将其性状全面恢复到原有的优良水平，获得原原种，然后繁殖出原种。

3. 黄瓜种子生产采用母系选择法有哪些程序？

黄瓜选优提纯的最佳选择方法是母系选择法。程序是：单株选择、株行比较、株系比较、混系繁殖。

(1) 单株选择

① 选择目标。从混杂退化的品种群体中选择表现型尚未退化的植株，即性状表现完全符合本品种标准性状的植株，是单株选择的唯一目标。为了便于选择，应将退化

程度较重的性状和本品种的典型性状作为选择的主要目标性状。

② 选择地点。在原种级种子田中，最容易选出符合本品种标准性状的植株，生产种种子田次之。暂无种子田的，也可在高纯度的生产田中选择。混杂退化面目全非的田块不宜作为选择的地点。

③ 选择时期和标准。在对生长发育全过程做系统观察基础上，着重抓好以下三个时期的选择：

第二雌花开放期选择：主要针对植株的长势、第一雌花节位、开放期、成瓜性、植株的雌花节率、雌花连续性等，选择符合本品种标准性状的植株 100 株左右。各入选株一律用第三雌花人工授粉留种。为了防止昆虫授粉，在第三雌花开放的前一日下午，将各入选株上的第三雌花和将于次日开放的雄花花冠扎住。第二天早上先由每个入选株上摘下扎着花冠的雄花 1 朵，剥去花冠后置于一个干净的瓷盘中，待其干燥后，用毛笔充分搅拌，制得混合花粉，然后打开优株上第三雌花花冠，充分授粉后重新扎住花冠。由于各入选株第三雌花开放期不一定相同，人工扎花授粉需分次进行，为提高选择效果每次都必须用全部优株的混合花粉授粉。

种瓜商品成熟期选择：授粉后 8～10 天，种瓜商品成熟，此时先按上次的选择标准，对入选优株进行一次全面的严格复查，淘汰不够标准的部分植株后，再着重按瓜条的商品性选择符合本品种标准性状的植株 30 株左右。一般应选择瓜条生长快、瓜形端正、瓜把细短、瓜皮深绿无黄条、棱大、瘤多、白刺、无病的植株。入选株在种瓜上部保留 4～5 片叶子摘心，并将其他非留种瓜、雌花摘除。

种瓜生理成熟期选择：授粉后 40～45 天种瓜生理成熟。此时主要按抗病性、抗衰性、种瓜皮色及植株的分枝性等，在第二次选择的植株中选择符合本品种标准性状的植株约 20 株。各入选株单独收获采种、编号。

(2) 株行比较

① 选择目标。鉴定各入选株后代的群体表现，初步评选出符合本品种标准性状的、株间比较整齐一致的株行（系）。

② 田间设计。将上一年所选植株的种子，按株行（系）播种育苗，适时定植在株行圃的观察区和留种区中。

观察区：每株行（系）栽一个小区，每小区定植 40 株，行距 60 厘米，株距 30 厘米，单株栽植。田间管理同菜用栽培，但若为复状抗病品种，在生长发育过程中不喷药防治，以鉴定抗病性的强弱。

留种区：每株行（系）栽一行，每行 20 株，行距 60 厘米，株距 30 厘米。第 2 雌花开放前先拔出各株行（系）中的杂株劣株，后用本株行（系）的混合花粉，给行（系）内每个植株的第 2 或第 3 雌花授粉留种。为防止行（系）间发生杂交，授粉前后必须对雌花、雄花进行杂花隔离；更换授粉株行（系）时，必须用酒精擦洗采粉、授粉的工具。种瓜坐稳后整枝摘心，加强田间管理，确保种瓜成熟。

③ 比较选择。观察区内仍按上年单株选择时的标准

和方法进行选择，逐株观察比较后对各株行（系）的群体表现和纯度作出鉴定，同时逐株测定早期产量、中期产量和总产量，对各株系的熟性及生产力作出鉴定结论。最后通过对观测结果的综合分析，淘汰不符合本品种标准性状的株行（系），或纯度低于95%的株行（系）。

④ 优系留种。种瓜成熟后，根据观察区的选择结论，只从留种区中各入选株行（系）的相应留种行（系）采收种瓜，分株行（系）混合留种。

(3) 株系比较

① 选择目标。将上年入选株行（系）的种子和对照品种（即本品种选优提纯前的原种或生产种）的种子播种育苗，适时定植在株系圃中，继续鉴定各株系的群体表现，准确选择完全符合本品种标准性状的、株间高度整齐一致的株系。

② 田间设计。观察区：每一株系栽一小区，不同株系随机排列，每5个株系设1个对照，重复3次。田间设计的其他方面，与株行圃的观察区相同。留种区：与株行圃的留种区相同。

③ 比较选择。田间观察鉴定与株行圃相同。最后选择性状表现完全符合本品种标准性状的、生产率显著优于对照的、无一杂株的优良株系若干。性状表现相同的株系混合留种，这就是本品种的原原种种子。

(4) 混系繁殖 将上述原原种种子播种育苗，定植在四周1000米范围内无黄瓜栽植的隔离区中，精细管理，花期由昆虫自由授粉，选用第2～3雌花所结的果实留种，这就是本品种的原种种子。

为确保原种质量，应进行田间播种检验和室内检验，当各项指标均达到国家规定的标准后，方可作为原种使用。原种应一年大量生产，低温贮藏，多年使用。

4. 黄瓜种子生产中如何进行生产种种子的生产？

黄瓜种子的生产方式因地理位置不同而各不相同，但北方大部分地区多采用春季育苗、露地栽培的方式进行，很少采用日光温室或塑料大棚等设施采种。其栽培技术与菜用栽培大体相同，具体如下：

(1) 适时播种 黄瓜播种应安排在春夏季栽培，而且必须育苗。育苗使黄瓜延长了1个多月的生长期，这样可以增加种子的产量。华北地区一般在3月中下旬播种，4月下旬或5月初露地定植，5月下旬或6月上旬选留种瓜，7月中下旬种瓜成熟采收。

(2) 合理密植 因受种瓜生长发育和植株摘心的限制，黄瓜种株秧蔓低矮，叶数较少，植株生长势比收摘嫩瓜的植株弱，所以采种田黄瓜定植密度应大于菜用黄瓜田。具体密度依品种和栽培方式确定，一般以每亩6000株左右为宜。经验证明，加大栽培密度是提高黄瓜种子产量的关键技术措施之一。

(3) 增施有机肥 黄瓜栽培应以有机肥为主，采种田更要注意增施有机肥，除腐熟的猪、牛粪外，增施鸡粪、豆饼等精肥。施用的有机肥中除了氮肥之外，还应含有丰富的磷、钾肥，这些肥料能使种子饱满，产量增加。

(4) 整枝摘心　为了使植株养分不消耗在过于旺盛的营养生长上，应及时除去不留种瓜的侧枝。另外，留 2～3 条种瓜之后，在种瓜以上留 5～6 片叶后把生长点打掉，使营养集中到种瓜上，控制植株继续生长。

(5) 种瓜节位与留瓜　中晚熟品种第一雌花出现节位高，第一条瓜就应留种；而早熟品种 3～4 片叶就出现雌花，第一雌花是否留种，视植株的生长情况确定。如果植株发育健壮，第一雌花就应留种；如果植株生长势弱，叶片很小，那么第一雌花在未开之前就应摘去，使养分集中到营养生长上，等第二雌花出现再留种。如果黄瓜的适宜生产期很长，每一植株上不仅能留 2～3 条种瓜，而且留种节位有调节的余地。如果黄瓜的适宜生长期很短，每株只能留 1 条种瓜，那么留种节位调节的余地就很小，第一雌花应及早留种。

(6) 自然授粉及辅助授粉　黄瓜不经授粉也能结瓜，但没有种子，因此，采种必须授粉。蜜蜂、蝴蝶、苍蝇等昆虫都是携带花粉的媒介。如果连续不断地喷杀虫剂，消灭所有的昆虫，也就消灭了传粉的媒介，黄瓜采种将大受影响。因此，采种田在开花结果期要保护昆虫，有条件的，还应放养蜜蜂，增加传粉媒介。在温室大棚中采种，或在露地采种遇阴雨天气，昆虫很少，就要进行人工辅助授粉，其方法是在开花当天上午取下异株上的雄花，将花药在雌花柱头上轻轻摩擦，或用毛笔刷取花粉，在柱头上涂抹。在开花坐果期每天反复授粉，能显著地提高种子产量。

(7) 去杂去劣 从第一雌花出现到采收种瓜都要注意去杂去劣。去杂，是将非本品种特性的黄瓜种株淘汰。从植株出现侧枝情况，看第一雌花节位与本品种的差异；从嫩瓜上看果形、刺瘤、皮色等是否符合本品种植物特征，应及时拔掉不符合本品种特征的植株。对种瓜畸形、烂果等，也应及时淘汰。采收种瓜时，也应根据种瓜的特征，及时去除杂果。

(8) 采收种瓜及淘洗种子 黄瓜雌花受精后25天左右，种子已有发芽能力，但尚未饱满。受精后40～50天时间，种子才能饱满。因此，种瓜应留在植株上让其充分成熟，因为采下后熟的效果不如留在种株上的好。一般情况下，黄瓜种瓜需后熟6～10天，后熟的种瓜最好放在室内架上或室外通风不见光和雨水淋不到的地方，单层平放。

淘洗种子时应先剖开种瓜，将种子和瓜瓤一起掏出，放入缸内发酵，注意不用金属容器，金属容器会使种皮变黑。发酵的种子也不能加水，加水就会稀释瓜瓤中抑制种子发芽的物质，导致发酵过程中种子发芽。发酵的时间视温度而定，温度高时4～5天就发酵，种子脱离瓜瓤后下沉，瓜瓤漂浮在表层。如发酵过度，种子色泽会变灰，失去光泽，甚至影响发芽率。将发酵后的种子放在清水中漂洗，沉入底层的是饱满的种子，浮在上面的是瘪籽，应将它和瓜瓤发酵物一起漂洗掉。将漂洗出的种子放在苇席上晾晒，切忌放在水泥地上暴晒，这样会灼伤种子，降低发芽率。合格的种子外表洁白，无杂物，含水量低于9%，发芽率在95%以上，千粒重为25～30克。

华北生态型黄瓜每条种果种子数为200～300粒，千粒重20～30克。500克种子需50～100条瓜。每亩产种子15～30千克，最高可达80千克。少量采种或单株采种，可以不经发酵而直接淘洗。其方法是将种子和瓜瓤放入纱布中，在盛水的盆中搓洗，使种子脱离瓜瓤，然后都洗入盆中，种子沉入底层，瓜瓤和瘪籽浮在上面，将浮物漂洗掉，即得到干净的种子。这种方法比采用发酵法洗出的种子更洁白，更有光泽，发芽率更高。

5. 黄瓜种子生产中杂种一代种子生产有哪些注意事项?

黄瓜的一代杂种优势很强，有显著的增产效果。近年来育成的黄瓜新品种大多是一代杂种。一代杂种制种法有：人工杂交制种法、利用雌性系制种法和化学去雄制种法。杂种生产中要防止混杂，制种田除父母本黄瓜之外，周围1000米之内不能栽种其他黄瓜品种，在制种全过程中，要严格拔除杂株劣株。制种过程中可增加授粉次数和授粉量，以提高种子产量。自然杂交时，昆虫少会影响花粉传播，尤其是阴雨天更缺少传播花粉媒介，所以应在每天上午进行人工辅助授粉。

6. 黄瓜杂种一代人工杂交制种有哪些关键技术?

黄瓜为雌雄同株异花植物，且花朵大，人工杂交无需去雄，操作容易。人工杂交制种是可行的，并且已在生产上应用。其技术要点如下。

(1) 调节父本始花期 为了使花期相遇，并获得足够多的雄花用于杂交，一般父本比母本提前5～7天播种，而母本要求适期播种，华北地区可在3月下旬、4月上旬播种，4月底5月初露地定植，5月中下旬开始人工杂交，最迟在6月中旬结束。父本播期按其始花期迟早适当调整。父母本始花期相同或相近的组合，父本可较母本早播3～5天；父本始花期较母本晚6～7天的组合，父本应较母本早播10天左右为宜。早播种的父本系统也要早定植，早管理，这样才能早开花。为了便于授粉，父母本可按1∶4或1∶6的比例定植。父本雄花多的，可以少栽些。父母本可以隔行栽，也可分两处栽。母本的定植密度每亩不应小于6000株。

(2) 选择花朵杂交 母本一般选择第2到第5雌花中的2～3朵进行杂交，要求子房端正。雄花选择父本植株中部发育良好的雄花。在开放条件下（有昆虫传粉），授粉前1天下午将第二天即将开放的父本的雄花和母本的雌花花蕾捆住，捆花数雄花应多于雌花。开花当天上午授粉时将雄花摘下，解开被捆的雌花进行授粉，授粉后仍需将雌花捆住，以防止昆虫传播异源花粉，并应做出醒目标记。

(3) 授粉后种株的管理 由于种株处于旺盛的生长发育过程中，要不断地发出侧枝，长出嫩瓜，为使有限的营养源源不断地输送到杂交的种瓜中，满足其果实的膨大和种子发育的需要，就要及时彻底地摘除侧枝和非杂交的嫩瓜。至于水肥方面的管理以及病虫害的防治同常规菜用栽培。种瓜生理成熟后及时采收后熟，并进行采种处理。

7. 黄瓜杂种一代利用雌性系制种有哪些关键技术？

普通黄瓜雌雄同株，即植株上既有雌花，又有雄花；而雌性系黄瓜植株上只有雌花，没有雄花。因此，利用雌性系进行一代杂种制种就无需去雄，而且所制的一代杂种制种纯度更高，成本更低。另外，黄瓜全雌株性状对雌雄同株性状是显性，因此，雌性系制的一代杂种也具有全雌株性状，表现为早熟、瓜密、采瓜期集中等优点。

利用雌性系制杂交种首先要进行雌性系（母本）的大量繁殖，然后才能进行杂交种的繁殖。

(1) 雌性系的繁殖　采用诱导雌性株产生雄花，在隔离条件下自然授粉来繁殖雌性系。生产中常采用两种药剂进行诱雄处理，即赤霉素和硝酸银。

① 赤霉素。赤霉素中以GA4和GA7混合使用最为有效。一般使用浓度为0.1%～0.4%。处理的时期要根据雌性系的纯度来定，高纯度的雌性系在母本植株1～2片叶子时就可以处理，连续喷2～3次，每隔5天喷1次。如果雌性系的纯度不高，则需到母本植株5～6片叶子时再进行处理。因为不是雌性系植株的个体在长到此时就会有雄花出现，要及时拔除非雌株后再进行处理。一般经过赤霉素处理15天左右雌株上才会开出雄花，因此为了使花期相遇，用赤霉素处理诱雄的植株要较作母本的雌性系早播10～15天。

② 硝酸银。硝酸银诱雄效果比赤霉素好，成本低。适宜浓度为 300～500 毫克/千克，硝酸银保存不能见光，随配随用，不能用自来水（自来水中钙离子浓度高）配，否则易产生沉淀。高浓度的硝酸银易出现少量药害，叶出现斑点，局部叶片皱缩，以后斑点干枯，过高浓度甚至会造成死苗。具体做法及管理同赤霉素处理。

③ 雌性系。除上述硝酸银、赤霉素外，还可用育成的两性花品系来繁殖和保持雌性系，并进一步用两性花品系即（雌性系×两性花系）×普通自交系来配制三交种。

用赤霉素和硝酸银处理繁殖雌性系时也可以在植株长到二叶一心时喷药，此时正是在花芽分化初期，诱导效果较好，但因植株小，不能对其雌花的分化情况进行选择淘汰，长期使用会造成雌性系中雌性株比例的下降。所以，最好是在植株具 5～6 片真叶时，经选择淘汰个别的非纯雌性株后再诱导雄花的产生，进一步繁殖雌性系。

(2) 利用雌性系生产杂交种　利用雌性系制种时，在隔离条件下父母本比例按 1∶3 种植，即 1 行父本，种 3 行雌性系母本。在开花前拔除母本系统中出现雄花的弱雌性株，使之在自然条件下杂交或人工辅助授粉杂交。在母株上只选留 2 条种瓜，在母本上采收的种子即为杂种一代种子。由于雌性系黄瓜开花早，父本黄瓜就要提前 7 天左右播种，以保证父母本植株花期相遇。

8. 黄瓜杂种一代化学去雄自然授粉制种有哪些关键技术？

大量生产一代杂种靠人工一朵一朵地授粉，用工太多，成本太高。为解决这一问题，充分利用黄瓜花芽分化性别可诱导的特性，使母本系统只开雌花，不开雄花可省去大量的去雄杂交成本。目前，应用的黄瓜去雄剂主要为乙烯利（二氯乙基磷酸）。应用乙烯利给黄瓜去雄时，首先将40%的乙烯利原液兑水稀释成200～1500倍液，质量浓度为200～300毫克/千克。在黄瓜幼苗二叶一心期进行首次喷药，以后每隔4～5天喷1次，共喷3～4次。夏黄瓜花芽分化较晚，可在第二叶展开时喷药，此后每隔3～4天喷1次，共喷3～4次。喷药时间宜在早晨或傍晚进行，此时空气湿度较大，药液可较长时间停留在叶片上供吸收。经过处理的幼苗，待长到定植标准时，按父母本1∶3比例隔行定植，每亩定植6000株左右。如乙烯利的浓度适宜，处理得当，母本植株在10～15节位以内出现的花便全部是雌花，由昆虫任其传粉，母本植株上采收的种子，即为一代杂种。为了保证一代杂种的纯度和种子产量，要注意乙烯利去雄的效果，必须在蕾期及时摘除母本株上的雄花。种瓜坐瓜后，及时打顶，防止上部出现雄花，避免出现假杂种。

另外，乙烯利为酸性，遇碱不稳定，不能与碱性农药（如波尔多液）和碱性水混用，要随配随用。

9. 黄瓜新陈种子如何进行辨别？

新的黄瓜种子表皮有光泽，乳白色或白色，种仁含油分、有香味，尖端的毛刺（即种子与胎座连接处）较尖，将手插入种子袋内，抽出手时手上往往挂有种子。陈旧黄瓜种子，表皮无光泽，常有黄斑，顶端的毛刺钝而脆，用手插入种子袋再抽出手时种子往往不挂在手上。对外购的种子，为了做到心中有数，播种前，最好先做种子发芽试验。

附录　无公害食品

黄瓜生产技术规程 NY/T 5075—2002

1　范围

本标准规定了无公害食品黄瓜的产地环境要求和生产管理措施。

本标准适用于无公害食品黄瓜生产。

2　规范性引用文件

文件中的条款通过本标准的引用而成为本标准的条款。凡是注日期的引用文件，其随后所有的修改单（不包括勘误的内容）或修订版均不适用于本标准，然而，鼓励根据本标准达成协议的各方研究是否可使用这些文件的最新版本。

GB 4285　农药安全使用标准

GB/T 8321（所有部分）　农药合理使用准则

NY 5010　无公害食品　蔬菜产地环境条件

3　产地环境

应符号 NY 5010 的规定，选择地势高燥，排灌方便，土层深厚、疏松、肥沃的地块。

4　生产技术管理

4.1　保护设施

包括日光温室、塑料棚、连栋温室、改良阳畦、温床等。

4.2　多层保温

棚室内外增设的二层以上覆盖保温措施。

4.3　栽培季节的划分

4.3.1　早春栽培

深冬定植、早春上市。

4.3.2　秋冬栽培

秋季定植、初冬上市。

4.3.3　冬春栽培

秋末定植，春节前上市。

4.3.4　春提早栽培

终霜前 30 天左右定植，初夏上市。

4.3.5　秋延后栽培

夏末初秋定植，9 月末 10 月初上市。

4.3.6　长季节栽培

采收期 8 个月以上。

4.3.7　春夏栽培

晚霜结束后定植，夏季上市。

4.3.8　夏秋栽培

夏季育苗定植，秋季上市。

4.4　品种选择

选择抗病、优质、高产、商品性好、适合市场需求的品种。冬春、早春、春提早栽培选择耐低温弱光、对病害多抗的品种；春夏、夏秋、秋冬、秋延后栽培选择高抗病毒病、耐热的品种；长季节栽培选择高抗、多抗病害，抗逆性好，连续结果能力强的品种。

4.5 育苗

4.5.1 育苗设施选择

根据季节不同选用温室、塑料棚、阳畦、温床等育苗设施，夏秋季育苗应配有防虫、遮阳设施。有条件的可采用穴盘育苗和工厂化育苗，并对育苗设施进行消毒处理，创造适合秧苗生长发育的环境条件。

4.5.2 营养土配制

4.5.2.1 营养土要求：pH 5.5～7.5，有机质2.5%～3%，有效磷20～40毫克/千克，速效钾100～140毫克/千克，碱解氮120～150毫克/千克。孔隙度约60%，土壤疏松，保肥保水性能良好。配制好的营养土均匀铺在播种床上，厚度10厘米。

4.5.2.2 工厂化穴盘或营养钵育苗营养土配方：2份草炭加1份蛭石，以及适量的腐熟农家肥。

4.5.2.3 普通苗床或营养钵育苗营养土配方：选用无病虫源的田土占三分之一、炉灰渣（或腐熟马粪，或草炭土，或草木炭）占三分之一，腐熟农家肥占三分之一。不宜使用未发酵好的农家肥。

4.5.3 育苗床土消毒

按照种植计划准备足够的播种床。每平方米播种床用福尔马林30～50毫升，加水3升，喷洒床土，用塑料薄膜闷盖3天后揭膜，待气体散尽后播种。或72.2%霜霉威水剂400倍液；或按每平方米苗床用15～30毫克药土作床面消毒。方法：用8～10克50%多菌灵与50%福美双混合剂（按1∶1混合），与15～30千克细土混合均匀撒在床面。

4.5.4　种子处理

4.5.4.1　药剂浸种。用50%多菌灵可湿性粉剂500倍液浸种1小时，或用福尔马林300倍液浸种1.5小时，捞出洗净催芽可防治枯萎病、黑星病。

4.5.4.2　温汤浸种。将种子用55℃的温水浸种20分钟，用清水冲净黏液后晾干再催芽（防治黑星病、炭疽病、病毒病、菌核病）。

4.5.5　催芽

消毒后的种子浸泡4～6小时后捞出洗净，置于28℃催芽。包衣种子直播即可。

4.5.6　播种期

根据栽培季节、育苗手段和壮苗指标选择适宜的播种期。

4.5.7　种子质量

种子纯度≥95%，净度≥98%，发芽率≥95%，水分≤8%。

4.5.8　播种量

根据定植密度，每667平方米栽培面积育苗用种量100～150克，直播用种量200～300克。每平方米播种床播25～30克。

4.5.9　播种方法

播种前浇足底水，湿润至深10厘米。水渗下后用营养土找平床面。种子70%破嘴均匀撒播，覆盖营养土1.0～1.5厘米。每平方米苗床再用50%多菌灵8克，拌上细土均匀撒于床面上，防治猝倒病。冬春播种育苗床面上覆盖地膜，夏秋床面覆盖遮阳网或稻草，70%幼苗顶土时撤除床面覆盖物。

4.5.10　苗期管理

4.5.10.1　温度：夏秋育苗主要靠遮阳降温。冬春育苗温度管理见附表1。

附表1　苗期温度调节表

时期	白天适宜温度/℃	夜间适宜温度/℃	最低夜温/℃
播种至出土	25～30	16～18	15
出土至分苗	20～25	14～16	12
分苗或嫁接后至缓苗	28～30	16～18	13
缓苗后到炼苗	25～28	14～16	13
定植前5～7天	20～23	10～12	10

4.5.10.2　光照：冬春育苗采用反光幕或补光设施等增加光照；夏秋育苗要适当遮光降温。

4.5.10.3　水肥：分苗时水要浇足，以后视育苗季节和墒情适当浇水。苗期以控水控肥为主。在秧苗3～4叶时，可结合苗情追0.3%尿素。

4.5.10.4　其他管理

4.5.10.4.1　种子拱土时撒一层过筛床土加快种壳脱落。

4.5.10.4.2　分苗：当苗子叶展平，真叶显现，按株行距10厘米分苗。最好采用直径10厘米营养钵分苗。

4.5.10.4.3　扩大营养面积：秧苗2～3叶时加大苗距。

4.5.10.4.4　炼苗：冬春育苗，定植前一周，白天

20～23℃，夜间10～12℃。夏秋育苗逐渐撤去遮阳网，适当控制水分。

4.5.10.5　嫁接

4.5.10.5.1　嫁接方法：靠接法，黄瓜比南瓜早播种2～3天，在黄瓜有真叶显露时嫁接。插接，南瓜比黄瓜早播种3～4天。在南瓜子叶展平有第一片真叶，黄瓜两子叶一心时嫁接。

4.5.10.5.2　嫁接苗的管理：将嫁接苗栽入直径10厘米的营养钵中，覆盖小拱棚避光2～3天，提高温湿度，以利伤口愈合。7～10天接穗长出新叶后撤掉小拱棚，靠接要断接穗根。其他管理参见4.5.10.1～4.5.10.4。

4.5.10.6　壮苗的标准

子叶完好、茎基粗、叶色浓绿，无病虫害。冬春育苗，株高15厘米左右，5～6片叶。夏秋育苗，2～3片叶，株高15厘米左右，苗龄20天左右。长季节栽培根据栽培季节选择适宜的秧苗。

4.6　定植前准备

4.6.1　整地施基肥

根据土壤肥力和目标产量确定施肥总量。磷肥全部作基肥，钾肥三分之二作基肥，氮肥三分之一作基肥。基肥以优质农家肥为主，三分之二撒施，三分之一沟施，按照当地种植习惯做畦。

4.6.2　棚室消毒

棚室在定植前要进行消毒，每667平方米设施用80％敌敌畏乳油250克拌上锯末，与2000～3000克硫磺粉混合，分10处点燃，密闭一昼夜，放风后无味时定植。

4.7 定植

4.7.1 定植时间

10 厘米最低土温稳定通过 12℃后定植。

4.7.2 定植方法及密度

采用大小行栽培，覆盖地膜。根据品种特性、气候条件及栽培习惯，一般每 667 平方米定植 3000～4000 株，长季节大型温室、大棚栽培 667 平方米定植 1800～2000 株。

4.8 田间管理

4.8.1 温度

4.8.1.1 缓苗期：白天 28～30℃，晚上不低于 18℃。

4.8.1.2 缓苗后采用四段变温管理：8～14 时，25～30℃；14～17 时，25～20℃；17～24 时，15～20℃；24～日出，15～10℃。地温保持 15～25℃。

4.8.2 光照

采用透光性好的耐候功能膜，保持膜面清洁，白天揭开保温覆盖物，日光温室后部张挂反光幕，尽量增加光照强度和时间。夏秋季节适当遮阳降温。

4.8.3 空气湿度

根据黄瓜不同生育阶段对湿度的要求和控制病害的需要，最佳空气相对湿度的调控指标是缓苗期 80%～90%、开花结瓜期70%～85%。生产上要通过地面覆盖、滴灌或暗灌、通风排湿、温度调控等措施控制在最佳指标范围。

4.8.4 二氧化碳

冬春季节补充二氧化碳，使设施内的浓度达到 800～

1000 毫克/千克。

4.8.5　肥水管理

4.8.5.1　采用膜下滴灌或暗灌。定植后及时浇水，3～5 天后浇缓苗水，根瓜坐住后，结束蹲苗，浇水追肥，冬春季节不浇明水，土壤相对湿度保持 60%～70%，夏秋季节保持在 75%～85%。

4.8.5.2　根据黄瓜长相和生育期长短，按照平衡施肥要求施肥，适时追施氮肥和钾肥。同时，应有针对性地喷施微量元素肥料，根据需要可喷施叶面肥防早衰。

4.8.5.3　不允许使用的肥料：在生产中不应使用未经无害化处理和重金属元素含量超标的城市垃圾、污泥和有机肥。

4.8.6　植株调整

4.8.6.1　吊蔓或插架绑蔓：用尼龙绳吊蔓或用细竹竿插架绑蔓。

4.8.6.2　摘心、打底叶：主蔓结瓜，侧枝留一瓜一叶摘心。25～30 片叶时摘心，长季节栽培不摘心采用落蔓方式。病叶、老叶、畸形瓜要及时打掉。

4.8.7　及时采收

适时早采摘根瓜，防止坠秧。及时分批采收，减轻植株负担，以确保商品果品质，促进后期果实膨大。产品质量应符号无公害食品要求。

4.8.8　清洁田园

将残枝败叶和杂草清理干净，集中进行无害化处理，保持田间清洁。

4.8.9 病虫害防治

4.8.9.1 主要病虫害

4.8.9.1.1 苗期主要病虫害：猝倒病、立枯病、蚜虫。

4.8.9.1.2 田间主要病虫害：霜霉病、细菌性角斑病、炭疽病、黑星病、白粉病、疫病、枯萎病、蔓枯病、灰霉病、菌核病、病毒病、蚜虫、白粉虱、烟粉虱、根结线虫、茶黄螨、潜叶蝇。

4.8.9.2 防治原则

按照“预防为主，综合防治”的植保方针，坚持以“农业防治、物理防治、生物防治为主，化学防治为辅”的无害化治理原则。

4.8.9.3 农业防治

4.8.9.3.1 抗病品种：针对当地主要病虫控制对象，选用高抗多抗的品种。

4.8.9.3.2 创造适宜的生育环境条件：培育适龄壮苗，提高抗逆性；控制好温度和空气湿度，适宜的肥水，充足的光照和二氧化碳，通过放风和辅助加温，调节不同生育时期的适宜温度，避免低温和高温障害；深沟高畦，严防积水，清洁田园，做到有利于植株生长发育，避免侵染性病害发生。

4.8.9.3.3 耕作改制：与非瓜类作物轮作三年以上。有条件的地区实行水旱轮作。

4.8.9.3.4 科学施肥：测土平衡施肥，增施充分腐熟的有机肥，少施化肥，防止土壤盐渍化。

4.8.9.4 物理防治

4.8.9.4.1　设施防护：在放风口用防虫网封闭，夏季覆盖塑料薄膜、防虫网和遮阳网，进行避雨、遮阳、防虫栽培，减轻病虫害的发生。

4.8.9.4.2　黄板诱杀：设施内悬挂黄板诱杀蚜虫等害虫。黄板规格 25 厘米×40 厘米，每 667 平方米悬挂 30～40 块。

4.8.9.4.3　银灰膜驱避蚜虫：铺银灰色地膜或张挂银灰膜膜条避蚜。

4.8.9.4.4　高温消毒：棚室在夏季宜利用太阳能进行土壤高温消毒处理。

高温闷棚防治黄瓜霜霉病：选晴天上午，浇一次大水后封闭棚室，将棚温提高到 46～48℃，持续 2 小时，然后从顶部慢慢加大放风口，缓缓使室温下降。以后如需要每隔 15 天闷棚一次。闷棚后加强肥水管理。

温汤浸种。

4.8.9.4.5　杀虫灯诱杀害虫：利用频振杀虫灯、黑光灯、高压汞灯、双波灯诱杀害虫。

4.8.9.5　生物防治

4.8.9.5.1　天敌：积极保护利用天敌，防治病虫害。

4.8.9.5.2　生物药剂：采用浏阳霉素、农抗 120、印楝素、农用链霉素、新植霉素等生物农药防治病虫害。

4.8.9.6　主要病虫害的药剂防治

使用药剂防治应符合 GB 4285、GB/T 8321（所有部分）的要求。保护地优先采用粉尘法、烟熏法。注意轮换用药，合理混用。严格控制农药安全间隔期。

4.8.9.7 不允许使用的剧毒、高毒农药：生产上不允许使用甲胺磷、甲基对硫磷、对硫磷、久效磷、磷胺、甲拌磷、甲基异柳磷、特丁硫磷、甲基硫环磷、治螟磷、内吸磷、克百威、涕灭威、灭线磷、硫环磷、蝇毒磷、地虫硫磷、氯唑磷、苯线磷等剧毒、高毒农药。

主要参考文献

[1] 朱建华，王殿昌，陈长景．山东蔬菜栽培．北京：中国农业科学技术出版社，2007.

[2] 李加旺，凌云昕，王继洲，等．黄瓜栽培科技示范户手册．北京：中国农业出版社，2008.

[3] 刘海河，张彦萍．蔬菜病虫害防治．北京：金盾出版社，2008.

[4] 高志奎，王梅．棚室黄瓜高效栽培教材．北京：金盾出版社，2005.

[5] 史宣杰，蔡毓新，高冠英．黄瓜四季高效栽培技术．郑州：中原农民出版社，2008.

[6] 张和义．大棚日光温室黄瓜栽培（修订版）．北京：金盾出版社，2011.

[7] 胡永军，刘国明．寿光菜农日光温室黄瓜高效栽培．北京：金盾出版社，2010.

[8] 汪兴汉．无公害黄瓜安全生产手册．北京：中国农业出版社，2008.